JN027090

愛鳥と末永く幸せに暮らす方法、教えます

長生きする鳥の育てかた

細川博昭　著
ものゆう　イラスト

誠文堂新光社

どうしたら
長生きさせて
あげられるかな？

幸せに暮らす方法を
いっしょに
考えようよ。
TROIS

ずーっと仲良く
生きていこうね。

はじめに

飼い鳥の寿命が二極化しています。

先天的なものを除くと、鳥が死に至る原因の大部分は人間にあります。

どういう行為が鳥の命を縮めているのか、どう接したら寿命とされる年齢よりも長く生きさせることができるのか。実は、かなりのことがわかっています。

鳥を短命にしない、鳥に適した暮らしをさせようと心を配る飼い主も増えていて、そうした家庭では寿命の大きな延長が見られます。かつては20年も生きれば十分といわれたオカメインコでさえ、30歳を超える鳥が現れはじめています。

これが意味するのは、鳥に合った、しっかりとした暮らしが提供できたなら、人と暮らす鳥はまだまだ長生きができるということです。

しかしながら、昔ながらの飼育は今も多く、鳥飼育の最新情報も十分には浸透していません。鳥に対する認識が不十分と感じられることや、必要な判断が遅いと感じられることもあります。それが、短い寿命の鳥が依然として多い理由です。

本書では、飼い鳥の寿命を縮める要因を解説し、そうさせない方法を紹介していきます。すでに実践されている方には不要のものですが、世の中の95パーセントの飼育者には、役に立てる内容が含まれていると考えています。

飼育の基礎である鳥の心と体について知っておいてほしいことも、大事な点を中心に解説しました。孵化から巣立ちまでの、あとから取り戻すことができないきわめて重要な時期を、とにかく大切にしてほしいという願いも、本書にはこめられています。

生まれてきたからには、幸せになる権利があります。飼い鳥として生まれた鳥はなおさらです。そして、野生の同種よりも長生きさせることもまた、飼育者の義務だと考えています。本書がそのための一助となることを祈っています。

同居する人間と鳥のどちらも幸せを感じて生きることが、両者の長寿につながっていくことが科学的に証明されています。鳥と人間が平和に老いて、ともに豊かな老生を送ることができる世になることも本書の願いです。

細川博昭

もくじ

3章　鳥の心と体への理解が、鳥を護る力になる…63

4章　生き物は「食べ物」によってつくられる…83

5章　愛情とコミュニケーションが守る未来…103

6章　心豊かに長生きのできる暮らしへ ～バードライフ・プランニング…121

chapter

1

鳥の一生を左右する、もっとも重要な時期を大切に！

生まれてからの数週間がとても重要

大事なことを知ることから始めよう

命を護り、暮らしを守るためには、その動物にとって、「なにが重要」で「いつが大事」なのかを、しっかり把握する必要があります。

しかしこれまで、飼育動物にとって「本当に重要なこと」や「大切な時期」が十分に理解されている状況とはいえませんでした。

鳥の飼育においては、成長期の過ごさせ方の重要性が、長いあいだあまり理解されずにきました。その背景には、専門的な研究の不足がありました。どう過ごさせたらいいのか、はっきり見えてきたのは最近になってからです。

人間が十数年かけて行う成長を、鳥はわずか半年ほどで駆け抜けていきます。その意味を考えさせる飼育書はありませんでした。

極端な例を挙げるなら、ヒナから幼鳥の成長期において、その日、食べる量が1グラム不足し、翌日もおなじことが続くだけで、大人になったときの筋肉量や骨量が変わってきます。結果的にそれは、その鳥に見えないハンディを負わせることになります。

巣立ちビナに親が教えていることにも、もっと着目すべきでしたが、そこに学ぶべき重要なことがあることを伝える飼育書も、ほとんどありませんでした。

そのため、まずはここでは、ヒナから若鳥の時期が、鳥が健康で「長生き」をする上でどう重要な

のか、少し詳しく解説してみます。

卵から生まれる意味

生まれたばかりの子供は、親に比べてはるかに小さいのがふつうですが、卵で生まれる鳥類のヒナは、哺乳類よりもさらに小さい傾向があります。

人間の場合、新生児から大人になる過程で十数倍に体重が増えますが、いわゆる小鳥では、成鳥の体重が孵化時の20~30倍を超えることも少なくありません。

卵は親の体内で約1日で形成され、外へと排出（産卵）されます。お尻の穴――総排泄孔（そうはいせつこう）から安全に出すことができる卵の大きさには上限があるため、鳥の母親は十分な栄養を詰め込みつつも、小さな卵を産む必要がありました。

親のサイズに比べて小さく生まれてくる生き物は、「とにもかくにもしっかり食べて、その身を成長させる必要」があります。

さらに鳥では、小さく生まれてくるうえに、与えられた成長期間はとても短く設定されています。

小鳥の場合、2~5週間で大人とおなじサイズにまで成長しなくてはなりません。それは、日々、眠っている時間以外は食べ続ける（親からすれば、食べ物を与え続ける）ことを意味します。

それがあってはじめて、ヒナはしっかりした体格の成鳥になることができます。食べなくてはいけない時期に必要量を食べることができないと、ヒナはその鳥の遺伝子が定める「本来のサイズ」にまで成長することができません。

そして、十分な成長ができなかった体には、どこかに歪みが残ります。もっている遺伝子が指示する体のサイズに対し、骨格等の成長が十分でない場合、最終的にその種がもつ本来の寿命まで生きられない可能性も出てきます。

家に来たヒナがかわいくて、ついついかまってしまう気持ちもわかりますが、食べなくてはいけない時期は、どうか食べることに専念させてあげてください。

できるだけ親にまかせたい

子育てが上手な親鳥が育雛（いくすう）している場合、ヒナを早めに親から離したりせず、人間はそのサポートにまわり、主たる育児は親にまかせたほうが、しっかりとした筋骨の鳥に成長する可能性が高くなります。

ただ、子育てが下手な親もいますし、主張が弱いヒナにあまりエサを与えない親もいます。初めての子育てで勝手がわからない親もいます。まれに、途中で育雛そのものに関心を失ってしまう親もいます。その場合、人間が親に代わって子育てをする必要も出てきます。

野生下では、「この子は十分に大きくなれない」と親が直感的に悟ったヒナにはエサを与えず、早めに死亡させ、ほかの子に与える食べ物を増やすという選択も行われますが、そうした対応は飼育下でもまれに見られます。

育たない可能性が高い子は早めに見捨てる——。それは、鳥の遺伝子に書き込まれた指示でもあるからです。

家庭内において、特定のヒナだけ親が育児を放棄してしまった場合、それを見捨てられない人間が親から引き離して給餌（きゅうじ）し、育てることが多いと思います。

しかし、無意識のうちに先天的な障害の存在を悟って親が育雛を放棄した場合など、育たず途中で亡くなることが少なくないことも、知っておくべきことのひとつです。

親や兄弟と長く暮らすメリット

哺乳類の子供もそうですが、兄弟といっしょに育つことで、なんでも自分の思いどおりになるわけではないことや、親が自分だけを見てくれるわけではないことを学習します。順番を待つべきときがあることも学びます。がまん強さが育ち、こうしたことに対してストレスを感じにくくなります。

兄弟と育つことで、同種の鳥との関係の築きかたも学習します。その学習は、成鳥になって繁殖期に入ったとき、相手を見つけてスムーズにつがいになれる可能性を高めます。

飼い鳥の社会性については、これまであまり注目されてきませんでしたが、ほかの鳥との関係を上手く構築できない鳥は、家庭という小グループにおいても孤立しがちで、孤立した鳥は精神の支えが弱くなります。

人間がそれを理解し、しっかりそばにいられるといいのですが、そうでないと、その鳥は「孤独」になります。鳥が感じる孤独もまた、鳥を短命にする要因のひとつであることがわかっています。

社会性をもった鳥になってもらうためにも、できれば親といられる時間はできるだけ長く親元にいてもらって、いっしょに育った兄弟と、生き方の勉強をさせてあげるのがいいでしょう。それが、その鳥がより幸福な鳥生を送り、天寿をまっとうする道と考えます。

羽づくろいの
手かげんを知ったよ

ケガをさせない
ケンカのしかたを
知ったよ

ほかの子の
あたたかさを
知ったよ

育雛中の野生の親鳥の意識から学ぶこと

子育ての大変さ

「育児疲れ」という言葉があります。人間の場合も育児は重労働で、特に母親の負担は非常に大きなものになりがちです。

人間の場合、子育てを終え、子供から手が離せるようになるまで何年もかかります。その期間の長さに精神・肉体ともに疲れ切るケースは少なくありません。特に授乳期は、母親の睡眠時間も細切れとなり、「辛い」という声が聞かれることもしばしばです。

鳥の場合、子育ての期間は人間よりもはるかに短いものの、親が行わなくてはならない作業の密度はきわめて高くなります。

鳥の育雛は、なんといってもまず食事。孵化からの数週間は、しっかりした体をつくるために、ヒナの口元にひたすら食べ物を運び、食べさせなくてはなりません。人間とは異なる疲労が蓄積します。

人間と比べて子育て期間が短いことを羨む声も聞こえてきますが、その期間の鳥の親の育児は、「過労死ライン」をはるかに超えるものと考えてください。

特に野生では、食べ物を探し、捕獲し、ヒナの口元に運ぶのに親の全力が求められます。途中で自分が死んではヒナを育てられないので多少は食べますが、必死でエサを求めるヒナの前では、それも躊躇（ちゅうちょ）することがあります。

体力の限界を超えてしまったり、心臓発作で亡くなる親鳥もいます。もちろん、捕食者からも逃げなくてはならないので、常に警戒し、緊張もしています。野生での育雛は、文字どおり「命懸け」です。

十分なエサが供給され、遠くまで食べ物を探しにいく必要のない飼育下では、親の負担は野生ほどにはなりませんが、それでもリスクは常に存在します。子育て期間中に急死する親鳥はいるからです。

1～6カ月後、ヒナは親から成鳥扱いされ、自立します。それが、巣立ち、と呼ばれる状況です。と親からエサをもらうまだ小さなヒナたち。

はいえ、すぐには十分な食べ物を得られない子も多く、親は野生での生き方を教え、捕食のサポートをします。それでも、この頃になると親は少しほっとします。

食べ物をねだられることがあっても、育雛の初期に比べれば微々たるもの。過労状態にはならないからです。

親鳥の「必死さ」の理由

鳥の育雛期間は短いです。裏返すとそれは、数週間という期間で我が子を大人の鳥に仕上げなくてはいけないという、文字どおりの「短期決戦」であることを意味します。

野鳥は休む間もなくエサを探しに出かけ、ひっきりなしにヒナに与え続けます。「あと一口食べさせないと、この子はしっかりした大人になれない」という強迫観念に似た意識が、親鳥の内にはあります。

繁殖力に欠ける成鳥になってしまった場合、自分たちの子孫が残せない可能性が高まるので、遺伝子が強く親鳥の背中を押します。「必死さ」は、そこから来ます。

親鳥が人間に託す願い

親鳥の育雛の「大変さ」を、多くの人間は理解していません。

「かわいい」と感じるのは自然な感情ですが、野鳥の親がヒナにエサを与えているドキュメンタリー番組を見て、ただ「かわいい」とだけ思わないでください。

見えていないところで親は必死で食べ物を探し、ヒナはしっかり成長するために、必死に親に食べ物をねだります。ヒナが今日、明日に食べるべき食べ物を数日後にまわすことはできません。

ヒナにとって必要な量を必要なときに与えてほしい。それが、子育てする親鳥があなたに伝えたいメッセージだと考えてください。

もつべきは、親鳥の代わりに子育てをする覚悟

子育てには「覚悟」が必要

ヒナから鳥を育てようと思ったとき、まず必要なのは、「この子の将来のために、しっかり食べさせる！」という強い思い（覚悟）です。

心の底から沸き上がってくる、「この子がかわいい」という気持ちは抑えられないとしても（そう思う心も、とても大事ですが）、かわいいという思いに流されて、義務まで投げ出してしまうような自分の心は抑えてください。

親鳥の心をしっかり踏襲して、「今日、この子に必要な食べ物を、しっかり『今日』与える」ことを目指してください。

ヒナを育てること。それは、親鳥に代わって子育てをすること。この子の今と未来を守る（育雛）のはあなたの役目、義務です。

とにかく「今」が重要な時期で、この時期の暮らし方をまちがえると、その子の寿命を縮めかねないと理解してください。

神経質なヒナもいる

ヒナから育てたいと思うのは、自分とよい関係を築いてもらうためにも、なるべく早い時期からいっしょに暮らしたい、二度とないその時期の我が子を強く記憶に焼き付けたい、という気持ちがあるからだと思います。

ヒナの時代に挿し餌（さしえ）をして育てた経験は、飼い主にとっても特別なもの。そのときに感じた愛おしさは、終生、心に残るものだと思

食べて、寝る。そのサイクルを大事に!

います。だから、貴重なこの時期の姿を写真に残しておきたいというのも自然な感情です。食べている姿も記録に残したいと思うかもしれません。

でも、写真を撮りたいがゆえに、まだ食べている途中の挿し餌の手を止めてヒナの写真を撮るのは、できれば止めてください。

神経質なヒナは、わずかな刺激で食べることをやめてしまうこともあります。

とてもおおらかで動じないタイプの子は大丈夫ですが、神経質な子は、挿し餌の手を止めたり、カメラを向けられた瞬間に食べるのを止めてしまうことがあります。

家、部屋にほかのだれかがいるのなら、撮影はそのだれかにまかせましょう。ただし、カメラを向けられて食べるのを止めてしまうようなら、挿し餌途中での撮影は控えるほうが無難です。

その後、ふたたび挿し餌をしようとしても、「もういらない」と食べなくなるケースがあります。写真を撮っている短い時間のあいだに挿し餌の温度が下がり、それで食べなくなる子もいます。どちらも決して好ましいことではありません。

この時期は、どんなことをしても食べてもらうことが最優先です。育雛に集中し、食事を阻害するような刺激はしないでください。

あなたはその子にとって親のかわり。いえ、親そのもの。命と未来を握っています。

ヒナの時間は特別です。そしてタイムリミットも存在します。写真を見せて、「かわいいね」とまわりから言ってもらうことよりも大事なことがあります。

「あと一口」分減るリスク

そのとき食べるはずだった「あと一口」を食べないことが続くと、最終的にその子の成長に影響がでます。

繰り返しになりますが、その一口が毎日欠けたことで、遺伝子が指示するその鳥本来の大きさまで骨格が成長できなくなる可能性が出てきます。

そうなってしまった場合、「寿命」にも影響してきます。

それゆえ、それがその子の未来を損ねる可能性のある行為であることを知っておいてください。

なぜ、親鳥たちが自分が倒れたり、心臓発作を起こす可能性があることを知りつつ、全力で子育てするのか、私たちはもっと理解する必要があります。どれほど、親鳥が「真剣に」子育てをしているかということも。

ただし、どうしても食の細い子はいて、できるかぎりのことをして、刺激も極力減らしても、あまり食べてくれないことがあります。それも知っておいてください。

挿し餌期間のポイント

なによりも、「食べたい」というヒナの気を削がないことが大切です。食べたい気持ちを削ぐ刺激は極力減らしてください。ヒナが食べるのを止めてしまうようなストレスはつくらないでください。

巣の中のヒナたちはあたたかい空間の中にいます。兄弟がいれば簡単には体は冷えません。また、そんなに食欲がなくても、兄弟が食べたいそぶりを見せると、自分もつられてクチバシを開けます。それが鳥です。

そういう意味で、育雛は一羽ではなく、二羽以上で行うほうがよく食べてくれる可能性が増えます。

与える挿し餌は、途中で冷えないように、ヒナが食べたいと思う適切な温度を保てるプレートなどの上に置いて行うのが安心です。

気温が低い時期は、体を冷やさないように、ヒナにはタオルや、安心できるあたたかい温度に設定できるフラットなヒーターの上などに居てもらい、そこで食事をさせるのがいいでしょう。

子育てには慣れがいる

どうしても最初は迷いも出ます

親鳥が行う子育ての真剣さを語り、命を預かるのだから、ヒナから育てる人間も親鳥とおなじだけ真剣に向き合うべし、と語ってきた本章ではあります。

それでも、生き物と初めて向き合う際は、経験しないとわからないことも多く、経験してはじめて、情報として集めたことの意味を理解するということも実はたくさんあります。

初めてのことを可能なかぎり完璧にやろうと努力することは、とても大事です。預かった小さな命に関わることなら、なおさらです。

真剣であるがゆえに、どうしてもっと上手くできないんだろうと悩み、自分を責めてしまうこともあります。まじめな性格の人ほど悩んでしまうかもしれません。

最初にそのぬくもりを感じた瞬間に、すでに「うちの子」として愛してしまっていることも大きいでしょう。

集められる情報は集めて育雛を始めたのだとしても、戸惑うことや、なにが最適なのかわからないこともきっと出てくるでしょう。それもしかたのないことです。

最初は子育てが下手な親鳥も

人間の子育てにおいても、最初の子は苦労の連続で、二人目は最初の子の経験があったので比較的スムーズだった、という話をよく聞きます。

鳥の親も同様で、最初から完璧に子育てをこなす親鳥がいる一

慣れた親は給餌もスムーズ。経験を重ねて、人間も慣れてきます。

方、手際が悪く、運も悪く、生まれたヒナ全員を巣立たせることができなかった初心者の親もいます。

どこの世界にも、最初からベテランはいません。最初はだれも手さぐりで、でも、少しずつ慣れ、手際もよくなっていきます。

失敗して強く後悔したとしても、きっとそれは次の命を育てるときに生きてきます。そうあるように、育てていきましょう。

「つ」のうちは神の領分

ヒナの育ちやすさは、遺伝的なものに加えて、孵化した卵のもともとの栄養状態の影響も受けています。予想外に虚弱なヒナや、ひどく神経質なヒナもいます。

かつて、幼児の死亡率が今よりもずっと高かった頃、「ひとつ〜ここのつの『つ』のつく年齢の子供はまだ神様の領分にいる子だから、神様が望んだら神様のもとに返さなくてはならない」という考えがありました。そう思うことで、懸命に育てても失われてしまった命のことを受け止め、乗り越えようとするものでした。

鳥の親も、途中でヒナの命が失われることがあることを承知しています。もとより鳥は、意識の切り替えが早いのも特徴です。亡くなった命は、ただの亡骸（なきがら）として意識から除外します。

ほかにもヒナがいる場合、生きている子を一羽でも多く成鳥に育てて巣立たせることがより大事と、本能が命じるからです。

そんな親鳥から学べるもうひとつのことは、どんなにがんばってすべて最良の方法で接しても、失われてしまう命もあるということ。

自身を責めすぎないことも、精いっぱい愛し、慈しむこととおなじくらい大事なことだと、心に留めておいてほしいと思います。

おなかがくちくなったヒナは眠ります。眠りも大事なヒナの仕事です。

人間が育てるメリット

鳥の個性に合わせた育児が可能

基本の子育ては親鳥にかなわない部分もあります。一方で、育てる人間にのみ可能なこともあります。それは、その鳥に合わせた育児、飼育ができることです。

鳥は人間と暮らすことで、野生よりも複雑で豊かな感情表現を見せるようになります。同時に、もともともっていたそれぞれの個性が強く表に出てくるようになります。

鳥は鳥として、鳥の脳という枠の中でものを考えて生きていますが、人と暮らすようになった鳥は、それぞれの楽しみも見つけ、鳥生を謳歌（おうか）するようになります。

つまり、人間のもとでなら、そうした点を伸ばすような、それぞれの鳥の個性や嗜好や関心にウェイトを置いた子育てができるということです。

鳥の親は、脳内にあるプログラムに沿って子育てをします。そこには、その子の個性に沿って育てるとか、個性を伸ばすように育てるというコマンドはありません。

人間のもとで鳥は、いつまでもヒナ鳥～若鳥のときとおなじような扱いを受けます。多くの飼育鳥はそれをわずらわしいとは思わず、人間のかいがいしい扱いを享受します。

そこからいえるのは、人間のもとでは、親鳥が育てる育雛・巣立ち後の指導期間よりもはるかに長い時間をかけて、その鳥らしい生活やその鳥の才能を伸ばす生活

を与えることが可能ということです。

個性に合わせた飼育は鳥にとっても楽しい

人間においては、適切な食事内容に加え、「人生を楽しむこと」も長寿につながることがわかっています。

イヤな状況にあるときにはストレス物質が分泌される一方、嬉しかったり幸福を感じているときには、セロトニンやオキシトシンといった、いわゆる「幸せホルモン」が出て、自律神経を整え、免疫機能がアップします。

最近の研究では、オキシトシンの分泌や作用について、鳥も同様であることが確認されています。鳥にも確実に幸せホルモンがあり、人間と同様に作用するということです。幸せホルモンは、相互に愛情をもった鳥と人間のあいだでも両者に分泌すると考えられています。

その鳥の意識を歪めることなく、彼（彼女）が鳥生を楽しめるように育て、長くよい関係を築いていければ、人間も鳥も笑みのある幸福な人生・鳥生を送ることができます。そしてそれは、その鳥の長寿とも結びついていきます。

ヒナの時期からよくその鳥を見つめ、ダメなことはダメとしっかり教えながら、よい関係を築いていくことが、人間も鳥も終生楽しく生き、長く充実した「生」を生きることにつながっていきます。

そのためにも、「始まりの時期」をおろそかにしないでください。

スキンシップも大切です。こんなとき、鳥の脳でも幸せホルモンが分泌されています。

複数飼いの必要性と利点

一羽だけの購入を禁止する国も

日本ではまだそうした状況にはないものの、ヨーロッパを中心に、新たに鳥を飼う際には複数羽で飼うことを法律や条例で義務づける国が増えてきました。

群れで暮らす鳥は、単独飼育では孤独感が強くなり、一羽でいることのストレスなどから短命になる傾向が強いこと。そうした群れの鳥を一羽で飼うこと自体が動物虐待にあたる可能性があるという考えが浸透してきたからです。

鳥の心や、そこから生じる身体的な不調にも目が向けられるようになったことに、時代の変化を感じます。

複数羽のほうが育てやすい

兄弟や同時期に生まれた同種といっしょにしたほうが実は育てやすく、たとえ二羽いたとしても子育ての手間は二倍にはなりません。

たとえば一回の食事で食べる分量も、一羽の場合よりも増える傾向があります。群れの仲間とおなじ行動を取る性質はヒナの頃から備わっていて、そこそこお腹がいっぱいだったとしても、ほかの鳥がまだ食べたがっている場合、なんとなく自分ももう一口食べてしまう、ということもあります。

複数のヒナがいると、たがいの体温であたためあうことができ、体温を伝えあうこと自体がヒナたちの心に幸福感を生むこともわかっています。

複数羽なら自然に関係性を学べる

同種の鳥が複数羽いると、そこに社会的な関係性もできてきます。上手く暮らしていけるように心が行動を調整し、それが定着するからです。

それもまた、群れで暮らす鳥には必要なこと。世界が自分を中心に回っているわけではないことを知り、なんでも思いのままになるわけではないことを学びます。

同種との関係性、つきあい方、相手に配慮しながら生きていく術というものは、どうやっても人間が教えることのできないものです。それが、複数で育つことで自然に身についていきます。

もちろん鳥にも個々の価値観や好き嫌いがあって、好きな鳥・嫌いな鳥、好きな人間・嫌いな人間などができてきますが、つがいになりたいと思える異性に出会ったとき、社会性の身についた鳥は自己中心的な行動を取らず、カップルになりやすい傾向があります。逆に同種とのつきあい方を学ばなかった鳥は、うまくつがいになれず、結果的に子孫を残せないという状況に陥りやすくなります。

複数羽なら人間依存度が減る

愛情を注ぐ人間のもと、一羽で飼育されたがゆえの強い分離不安を抱えた鳥は、苛立ちやすく、ストレスを感じやすくなります。そのストレスが自傷につながるケースもあります。

かまいすぎない、わがままに育てないなど、一羽でも適切に育てると安定した心をもった成鳥になりますが、複数で飼育された鳥は自然に、鳥どうしの関係が上手くつくれるようになって、分離不安の可能性も低くなります。人間に依存しすぎない、心が安定した鳥は、そうでない鳥に比べて長寿の傾向があります。

分離不安の強い鳥は、最愛の飼い主がトイレに立っただけで叫んだり、放鳥中はトイレの外から「中に入れて」と要求することもあります。

大事なのは、これからの生活を教え込むこと

もうひとつの親鳥の仕事

親鳥はヒナを育てながら、彼らに生き抜く術も教えていきます。

巣では、お腹がすいていたとしても自分だけが食べ物をもらえるわけではなく、親が兄弟に順番に食べ物を与えているあいだ、待たなくてはならないことがあることをヒナは学びます。

野生では、大人のサイズに成長した巣立ちビナたちに、親は食べ物の見つけ方やそれを得る方法など、巣では教えられなかったことを実践しながら教えていきます。

ヒナが親について飛ぶ時期は、数週間から数カ月ほどですが、1年後も親の近くで暮らす種もいます。つがいとなる相手が見つからなかった場合など、親の次の子育てを手伝う種もいます。

飼育鳥においても、野鳥と同様、巣立ち後はとても大事な時間となります。

その家のルールを教える

野生では必須のエサの探し方などは家庭では不要の技術。代わって学ぶべきは、人間との暮らし方とそのルールです。

人間との暮らしは野生とはちがいます。そして、どんな家庭で暮らすかによって、その鳥の生活も大きく変わることになります。

学生、サラリーマン、作家などの自由業、商売をやっている自営の方。何時に起きて何時に寝るかなど、家ごとにタイムスケジュールがちがっています。鳥たちはそのスケジュールに沿って生きることになります。

また、人間の家庭での暮らしにおいては、予想外の危険物や有毒物など、野生とはちがう注意点もあります。しかし、そのすべてを教えることは困難なため、放鳥中は鳥から目を離さない、鳥たちがそこに行かないようにするなど、人間のガードも必要です。

巣立ち後、若鳥たちは自分一人

で生きるために必要なことを短い時間に集中して学びますが、人間の家においては、そこで安全に暮らす方法やその場のルールをしっかり学んでいかなくてはなりません。先住の鳥や動物がいた場合は、彼らとの関係の築きかたも学ぶことになります。

若い鳥を迎えたとき、飼い主は必要なことをしっかり教えてあげてください。彼らが学ぶ手助けをしてあげてください。

その際は、「ダメなことはダメ」とはっきり伝えてください。まだ小さいから大目に見ることは、その鳥のためになりません。

少し大きくなってからあらためて禁止されても、その鳥はなぜダメといわれたのかわかりません。徹底しないルールに苛立ったり、ストレスを溜めることになります。

脳がまだ柔軟なヒナから若鳥の時代にダメなことがあることをしっかり伝えないと、わがままな鳥に育ってしまうこともあります。「子育てをまちがえた……」という後悔は、鳥との生活においてもあると思ってください。

人間との暮らしにストレスを溜めやすくなった鳥には、短命化のリスクもつきまといます。それは、なるべくなら回避したいものです。

実際はすり合わせ

「家で暮らすルールを教える」とはいうものの、実際には、人と鳥とのあいだでのルールのすり合わせになります。

人間と同様に、鳥には鳥の生活リズムがあり、妥協ができないこともあります。人間側も実は鳥に合わせたり折れたりするなどして、自分の生活を変えていくのがふつうです。そのすり合わせが上手くいき、ともに納得できて暮らしやすいところに落ち着くと、その家での両者の暮らしの幸福度が上がります。

chapter

2

鳥の寿命を縮める要因、回避の方法

飼い鳥の死因

鳥が命を亡くす理由

生まれたものは必ず亡くなります。種ごとの「限界寿命」もあります。それは生きる者の宿命です。

飼い鳥が亡くなる理由は、

1・鳥自身の体に由来すること
2・人間の行動に由来すること

に大別することができます。

さらにそれは、以下のように細分類できます。

【鳥の死亡理由、親・本鳥由来】
- **生まれた卵自体の栄養不足**
- **親からもらった病気や遺伝**
- **想定外の病気や事故**

【鳥の死亡理由、人間由来】
- **病死**
- **事故死**
- **温度ほか、管理の失敗（不適切な飼育を含む）**
- **判断ミス（知識不足も含む）**
- **外に逃がしたことによる死**
- **ほか**

鳥が死亡する理由
人間由来

飼育が上手くできなかった。食べすぎで病気になった。逃がした。ウイルスや菌をもった鳥を家に持ち込んで先住鳥に感染させてしまったなど、さまざまな状況があります。

家庭内に特有の事故もあります。経験や、鳥への知識不足が招く死もあります。判断の遅れ、判断のミスで死なせる例もあります。

人間のどんな行動が鳥の寿命を縮めてしまうのか、次項にまとめました。さらに詳しい説明が必要と考える内容については、独立した項目として解説をします。

死、そのものは不可避です。しかし、人間に由来する死亡理由があらかじめ把握できていれば、救える命は確実にあります。後天的に鳥を短命にする要因をできるかぎり取り除いていくことで、その先に「長寿」が見えてきます。

本書が伝えたいことの中核がここにあります！

命を縮める要因を、ひとつでもふたつでも減らすことで、その家の鳥の寿命は延びます。そして、愛して愛される期間が延びます。

鳥たちの多くも、そんな未来を願うことでしょう。

鳥が死亡する理由
親・本鳥由来

虚弱に生まれてくる鳥や、障害をもって生まれてくる鳥は必ずいます。どんなに手を尽くしたとしても亡くなってしまう鳥もいます。なんとか数日の延命ができたとしても、最終的にその命は失われてしまうことになります。

そうした事実をしっかり胸に刻んでおいたなら、「なにもできなかった」という後悔や無力感を、少しだけ減らすことができるように思います。

なお、どんなに健康的に暮らしていても死に至る病気にかかってしまうことがあります。その場合、人間がそれにどう気づき、どう対応するかによって、その鳥のその後のQOLが大きく変化します。

短命の理由1
卵自体の栄養不足

人間の場合も、乳幼児の死亡率は、それより上の年齢よりも高い傾向がありますが、鳥においてはさらに高くなります。

理由はいくつかあります。まず、卵は母親の体内で約1日でつくられ、その時点での母鳥の状態の影響を強く受けること。

一回の抱卵において母鳥が産む最後の卵は、母体に蓄積された疲労や栄養状態を反映するように、それ以前に産んだ卵に比べてサイズが小さく、栄養不足になる確率が高いことが知られています。途中で成長が止まってヒナが孵らない卵は、おもにそうした卵です。

母鳥が最後に産んだ卵（右端）は、それ以前に産んだものに比べてサイズが小さい傾向があります。

重篤な遺伝子上の欠陥があった場合も孵化前に成長が止まり、卵の中で死亡する例が多くなります。骨格に異常があったり、消化管などの内臓機能、心臓や血管などの循環器に異常があって、孵化直後に亡くなることもあります。そうしたことが原因の死を止めるのは不可能です。

なんとか無事に孵ったとしても、

体が小さく、生命力自体が弱く見える鳥もいます。すると親鳥は、早い段階で、そのヒナへの給餌を止めたり、個体によっては突つき殺そうとすることもあります。

それは、その子を見捨て、先に孵ったヒナたちだけを育てる選択をしたということです。

厳しい条件下の野生ではよくあることですが、飼育下でもないわけではありません。野生の親と同様、「この子は育たない」と判断し、確実に子孫を残すために自分の体力資源をほかの子に振り向けたと考えることができます。

短命の理由2
親からもらった病気や遺伝

遺伝的に短命になる家系の鳥もいます。

障害をもって生まれてきたものの意外に体は元気で、無事に成鳥になれる鳥もいますが、そうした鳥は健康な鳥と比べると長生きが難しいことも少なからずあります。

それでも、そうした鳥も精いっぱい愛して、たとえ長くはなかったとしても、密度の高い豊かな鳥生を送らせてあげましょう。

親がウイルスやクラミジア、内部寄生虫などをもっていた場合、口移しで食べ物を与えている時期に感染することもあります。

そうした事態を防ぐには、ブリーダーサイドで繁殖に使う親鳥を定期的に検査して、健康な状態を保つ必要があります。

しかし、管理が不十分なブリーダーもいて、ヒナや若鳥を迎えたあとに罹患（りかん）に気づくこともあります。後悔しないためには、健康な鳥を出荷しているブリーダーや店舗であることを事前にしっかりと調べ、早期に（できれば迎えたその日に）ウイルス検査を含む健康診断を受けることが大事です。

小さく生まれ、不十分な食事だったケース

今も状況は大きくは変わっていませんが、20~30年前は特に、オカメインコやセキセイインコは、生後わずか2~3週で親から離し、販売されることが多くありました。

親が産んだ栄養不足の最後の卵から孵った小さな鳥でも、健康そうに見えれば販売されていました。しかし、まだ幼く体力のない小さなヒナは、ほかのヒナより食が細いことも多く、多くのヒナが集められていた場所では成長するのに十分な食事が得られなかったこともありました。

なんとか生き抜いて無事に大人にはなれたものの、骨格のサイズは本来の大きさにまで育たず、一方で、内臓は遺伝子が命じるサイズに成長してしまったケースもあります。

こうした鳥では、ほかの臓器に押され、心臓が常に圧迫を受けた状態になっています。筆者宅でも、同時に生まれた子が20歳を超えたのに対し、心臓の老化が加速して、わずか8年で心臓病で亡くなった発育不全のメスのオカメインコがいました（下の写真）。

小さく生まれ、骨格も十分に育たなかった場合、こうしたかたちでの短命のリスクもあるということを知っておいてください。

なお、一点つけ加えておくと、彼女がヒナの時期を乗り越えて8歳まで生きられたのは、おなじ時期に生まれた兄弟とずっといっしょに過ごし、筆者宅でもそれが継続したことが強く影響していきます。複数飼いには、そうした力があります。それは大きなメリットです。

このオカメインコはかなり小さな骨格で、家に来たとき62gしかありませんでした。「小さな体の中にふつうサイズの内臓が詰まっているので、長生きはのぞめません」と診断を受けました。

飼い鳥を短命にする要因

人間しだいで長くも短くも

飼い鳥がどんな生涯を送るかは、ともに暮らす人間しだい。

生まれてきた以上、幸福に暮らしてもらいたいと願います。もちろん、命を預かる人間には、そうする義務があります。

鳥が亡くなる理由は、先天的なものや親が由来のもの、そして人間に由来するものがあります。

ただし、人間がそうであるように予想もしていなかった病気にかかってしまうこともあります。生物である以上、それもしかたのないことだと思います。また、自身のせいでも飼い主のせいでもない事故にあうことも絶対にないとはいえません。

予想外の病気に罹患したりケガをしてしまった場合は、鳥専門の獣医師とよく相談をして、できるだけ長くＱＯＬ（クオリティ・オブ・ライフ）を保った暮らしができるように、その鳥にとっての最適な暮らしを選んでほしいと思います。

長生きしてもらうためにできること

長生きしてもらうためにまずやれるのが、人間に由来する「鳥を短命にする要因」を知って、それを順番に排除していくことです。

身体に大きな先天性の問題を抱えていなければ、こうした努力によって、その鳥が本来もっていた寿命まで生きてもらうことが可能になります。

そのためにも「知識」は不可欠です。その種や鳥全般について必要な知識を増やすことが、最終的にその鳥の未来をつくります。鳥を識ってください。

もしもヒナから育てる場合は、孵化からの数週間を大事にして、子育てに真剣に向き合うことで、最初の大きなハードルをクリアできます。これは1章にて、詳しく書いたとおりです。

次ページ上段に、鳥を短命にしてしまう要因をまとめてみました。

【飼い鳥が短命になってしまう要因】

- ◯飼い主の知識不足（勉強不足）
- ◯食べ物 ▶食事内容から生じる病気
- ◯人間の行動 ▶持ち込まれる病気、人間がつくるストレス
  ▶鳥を逃がす
  ▶鳥を傷つける行為（意図的、不注意）
- ◯生活環境 ▶生活環境がつくる病気
- ◯止まらない発情 ▶精巣への負担、メスの体全体への負担
- ◯メンタル環境 ▶鳥にとって辛い生活が続くなど

知識と理解は大切な要

どんな生き物との暮らしでも、最低限必要な知識というものがあります。鳥は多くの哺乳類とはちがう空を飛ぶ生き物で、飛ぶことに特化した体の構造をもっています。人間などと似ている点がある一方、細かいちがいもたくさんあります。食べさせてはいけないものなど、知らないと命を縮めてしまうこともあります。

しかし、飼育書にも書かれていないことは多く、どこで情報を見つけたらいいのかわからないと迷う鳥飼育の初心者も少なからずいます。鳥について新たにわかった情報も、日々、更新され続けているので、ベテラン飼育者であっても情報集めのアンテナは常に広げておく必要があります。

本書は、知識不足から鳥の命を縮めてしまうことがないようにという願いをこめて、まとめた本です。おそらく今後は、さまざまな

テーマごとに情報を集積させた本、飼育書も書かれるようになるでしょう。信頼のできる書き手が書いた最新の本は、できれば手に取って眺めてほしいと思います。

不適切な飼育のこと

昔から伝えられてきた飼育方法をそのまま実践されている方は、いまだ多く見られます。

しかし、古い飼育法の中には、現在は否定されているものもあります。必要な栄養素のこと、食べ物の選択や与え方、保温ほかの環境設定など、昔とは状況が大きく変化していることもあります。

不適切な飼育にほかの悪要因が加わって死に至るケースは少なくありません。ともに暮らす鳥についての知識は、常に最新のものに更新する努力をお願いします。

外に逃がしたことによる死

これまでも複数の書籍で書いてきたことですが、外に逃がした鳥の大部分は死に至ります。毎日、日本の各地で「逃げた」報告があるなか、飼い主のもとに戻る鳥はごくわずかです。見知らぬだれかに拾われて飼われている鳥もいますが、全体からみればそれも決して多い数ではありません。

食べ物を見つけることができずに餓死、雨風に打たれて衰弱死、ネコやカラスに襲われることもあります。

風切羽をクリップ（カット）している場合、死亡率はさらに上がります。ですので、絶対に逃がさないでください。

止まらない発情

つがいの相手はもちろん、飼い主に対して発情が止まらない鳥もいます。

オスの場合、発情が長期化する

と精巣腫瘍発症の可能性が高まります。一方メスでは、卵を生み続けることで体全体に大きな負担がかかり、卵詰まりなどで死亡するケースも出てきます。

発情を止める方法として実践されてきたことはいろいろありますが、近年、どうしても止まらない発情を薬で止めることもできるようになりました。

鳥の病気についての基礎知識

鳥にも人間の病気とおなじ数だけ病気があると考えてください。また、その独特な身体構造から、鳥に特有の病気もあります。

心臓の病気、肺や気嚢の病気、脳の病気、消化器の病気、精巣や卵巣などの生殖器の病気。皮膚病、体内や羽毛の寄生虫。がんももちろんあります。精神を病むこともあります。

病気の具体的な解説については獣医師の先生が書く専門書におまかせしますが、鳥の専門病院においてどんな診察が行われ、どんな検査や治療が行われているのかは、このあと少し詳しく解説しようと思います。

なお、先に少しだけ書いておくと、鳥に与えている薬は人間の薬とおなじもので、鳥の体重に合わせて量った分量を処方しています。

事故死

踏まれる、挟まれる、窓や鏡や壁に激突するといったことのほか、熱されているものの上に飛び下りて熱傷(やけど)を負ったり、コップや風呂桶などの水に落ちて水死した例もあります。

家庭内で起こる可能性のある事故とその回避の方法については、本章の後半で解説しています。

肥満はのちの鳥生のすべてを壊す

飼い鳥の肥満は多いです

野生の鳥のように食べ物を探す必要のない家庭の中、多くの鳥たちはいつでも好きなだけ食べることができるようになっています。

1日に必要なカロリー以上に食べ物を摂取している鳥は多く、肥満の状態になっている鳥も少なくありません。

「あれ？　ちょっと太った？」

軽い気持ちでつぶやく飼育者も多いですが、飼い鳥にとって肥満はある種の非常事態。カロリーを過剰に摂取した鳥は、簡単に高脂血症や高コレステロール血症になります。ほかにも、次のような状態になります。

(1) 心臓疾患
(2) 動脈硬化
(3) 脂肪肝
(4) 肝機能低下
(5) 羽毛の変形や変色
(6) 換羽サイクルの乱れ

動脈硬化が進み、それが脳の血管にまで進行した鳥は、突然の死に見舞われることもあります。

さっきまで元気だったのに、なぜ……？　肥満は鳥の突然死の原因の一端にもなっています。

軽く見たりせず、肥満は飼い鳥を年齢以上に老化させ、死に近づけるという事実を知ってください。

鳥の肥満は早く進む

小鳥が1日に必要とする食事の量は、体重の1割ほどといわれてきました。しかし、野生のように長距離を飛ぶことのない家庭では、なにを食べているかにもよりますが、たとえば100グラムのオカメインコでも6～8グラムで十分です（食事量と体重の変化から実測）。基礎代謝が低い場合、5グラムほどで足りてしまうケースもあります（＊10グラム以上必要とする鳥もいます）。

それ以上食べると食べすぎとなり、それが続くと、あっというまに肥満になります。太った状態が続くと、動脈硬化はわずか数カ月で進行します。さらに何カ月も何年も太ったままでいると、人間でいう「メタボリック・シンドローム」の状態になり、肝臓や心臓などが悲鳴を上げはじめます。

たくさん食べている姿を見て、「美味しそう」と微笑まないでください。それは飼い主が間接的に「死」を引き寄せている状況にほかなりません。できれば獣医師の指導のもと、ダイエットをさせてください。

なお、体重を落とす・維持する方法は、『インコの食事と健康がわかる本』などにも記してありますので、ご参照ください。

一見、太っていないように見えて、実は内臓に脂肪がついている「隠れ肥満」のケースもあります。ほかにも心配なことがある場合は「血液検査」をしてもらうと安心です。肝機能の数値や中性脂肪の数値など、人間と同様に調べることができます。鳥ごとの適正値も鳥の専門病院にはありますので、詳しく説明を受けてください。

太る理由

高い代謝をもつ鳥の体は素早く栄養を吸収できる構造になっています。あまり飛ぶ必要のない家庭で、さらにケージの中にいる時間が長いと運動不足になり、余剰なカロリーを消費することができません。風切羽をクリップしている場合は、さらに消費カロリーが少なくなる傾向があります。

また、仲間がいないことや人間がかまってくれないことで寂しさや不満をおぼえた鳥は、代償行動として、「食べること」で心を満たそうとすることもあります。結果として太ります。

温度管理を失敗する

暑くても寒くても死にます

急に寒くなった時期に体調を崩して病院に連れてこられる鳥は後を絶ちません。

以前の鳥はヒーターなしで大丈夫だった、「今の季節はまだ暖房はいりませんよ」と買ったお店でいわれたなど、ケージやケースにヒーターを付けなかったがために、朝の冷え込みなどで体調を崩したり、亡くなってしまったりする若い鳥やヒナは毎年、多数います。

昭和の半ば頃から飼育をしていた人からは、当時は零度近くまで下がる玄関に鳥のケージを置いていたという声も聞きます。かつての飼い鳥は、確かに寒さ暑さに強いものも多くいました。弱い鳥はヒナの時点で死んで、生き残った強い鳥が飼育されていたからです。

また、老鳥の域に入ると、前年までは平気だった環境温度でも体がついていかないことがありますが、そうした知識もまだまだ浸透していません。

鳥ももちろん暑さ寒さを感じます。暑さ寒さを苦手とする種もいます。人間の感覚で、「この温度でも大丈夫だろう」と安易に判断しないでください。

鳥は生命を維持できる上限に近いところに体温を設定しているため、熱中症になってしまった場合、死の危険は倍増します。暑さもけっして甘く見ないでください。

人間は暑いとき、寒いときで、着るものを替えます。寒ければ暖房をつけたり、暑い日はクーラーのスイッチを入れます。鳥にもそうしたことが必要です。ただし、鳥は着替えができないので、コントロールするのは環境温度です。

その鳥にとっての適温が重要

重要なのは、今、この瞬間の室温が何度で、その鳥（幼鳥、病鳥、老鳥など）が寒そうにしているか、いないかです。過去のことにはあまり縛られないでください。ある日、突然、具合が悪くなることもあります。

あたためる必要があるのか、エアコンで室温を下げる必要があるのか、現在の鳥の様子を見て、しっかり判断してください。

とはいえ、寒そうにしているからといって、ハァハァと息をするほどあたためるのもNGです。一方で、少し長く冷房をつけただけで体を冷やしてしまう鳥もいます。適温を見つけ、適温で過ごさせてください。特に、老鳥や病鳥、幼鳥には細心の注意が必要です。

体調が悪い鳥は、日常よりあたたかくするのが基本です。

判断を誤ると命に関わります

ヒナが体を冷やしてしまうと、内臓の機能が低下して、食欲不振になり、そこで対応を誤ると落鳥に至る可能性もあります。

ヒナがあまり食べてくれないときは、ヒナの体が求める温度よりも室温やケージ・ケース内の温度が低いのかもしれません。

室温を上げ、ヒナのいる場所も少し温度を上げて食欲が戻った場合、そのヒナは「寒かった」と思ってください。まだ弱い鳥や体調が落ちている鳥たちが感じる周囲の温度は、人間が感じているものとはちがうと思ってください。

風邪などを引いたとき、まわりの人には適温でも自分には寒いことがあることも思い出し、鳥の状況を想像してみてください。

なお、ヒーターの選び方や状況に合わせた鳥のあたためかたは、『うちの鳥の老いじたく』や『老鳥との暮らしかた』に少し詳しく書きました。この2冊は老鳥がテーマですが、老鳥になる前にこそ読んでおいてほしい本です。

また、あたため方などについては、幼鳥や病鳥にも対応できるように書きましたので、きっと参考になることがあると思います。

継続する寂しさ、不安も短命要因に

なぜ不安な鳥は呼び鳴きするのか？

鳥の心は、長いあいだ人々に理解されてきませんでした。そもそも鳥には心なんかないと主張する動物学の専門家もいたくらいです。残念ながら、現在もそうした偏見は残り続けています。

鳥飼育の現場にいた専門家と呼ばれる人々においても、鳥の心を理解する動きは極めて鈍いものがありました。心理学を学んだ方も含めてです。

特に、大型のオウムやインコなどにおいて、飼い主を求める絶叫である「呼び鳴き」が「問題行動」とされた際、専門家から、それを直すように「躾けよう」とか「矯正しよう」という声も聞かれました。

なぜ彼らがそういう行動に至るのかなど、彼らの心の底にある本質的な理由にはほとんど触れられることなく。

当時から、多くのケースで、それが分離不安によるものであることはわかっていましたが、育て方のまちがいによって分離不安になるイヌと同列に眺め、おなじように矯正をすればいいという考えが示されていました。

寂しさは不安、不安はストレス

鳥の分離不安、絶叫の呼び鳴きの底には「恐怖」があります。頼りにする人間がいない今、いきなり敵が襲ってきたらどうしよう。そうなったら自分は死ぬかもしれない。自身の生命に強く関わる恐怖と不安です。

この状態がずっと続いたらどうしよう。自分はどうなる？ 生きていけるのか？ 鳥は基本的に、未来を想像したりはしませんが、現状が続く未来は想像できます。妄想にも似た恐怖が、鳴管をふるわせ、声を絞り出します。

そんな状況にあることを、人間は想像さえしていませんでした。群れで暮らす鳥の心が安定し、不安を感じることなくいられるのは、まわりにだれかがいることが絶対の条件です。

大きな体格の鳥は小鳥のような大きな群れはつくりませんが、それでもインコ目やスズメ目の鳥は、体の大小に関わらず、仲間の存在を必要とします。

孤独は死の恐怖を感じるほどの不安であり、鳥の感じる寂しさは絶望感にも近い不安と思ってください。そしてそれは、強いストレスとなって鳥の心と体を蝕(むしば)んでいきます。

異種の鳥でも、人間でもいいから安心できる相手がそばにいてほしい。自分以外の、敵ではない生き物がだれか目に見えるところや声の届く範囲にいてほしい。そんな思いが彼らを叫ばせていました。

「行かないで。そばにいて」と。

そんな生き物だったことを理解して、不安を感じない暮らしを鳥たちに与えようというのが、ヨーロッパを中心とした世の中の動きです。一羽飼いの禁止は、そうしたことが出発点になっています。

日本には、まだそうした考えは浸透していません。日本の状況は、まだしばらく変わらないかもしれません。残念なことです。

もっと鳥の心を理解しよう

重ねて書きますが、ずっと孤独で、孤独であるがゆえの不安をいだきながら一羽で生きてきた鳥は、常に体内にストレス物質がある状態で、結果的にそれが臓器の老化を加速させるため、そうでない鳥に比べて寿命が短くなる可能性があります。

そうならないためには、声をかけたり、姿が見えたり、生活音を聞かせられるだれかがほぼ1日家にいるか、同種の鳥を連れてくることが大事です。

安心させること。それがその鳥の長生きの第一歩になります。

好きな相手の体温を感じられることにまさる安心感はありません。

病院に行かないと命を失う病気は多い

人間とおなじだけ病気がある

鳥にも、人間とおなじくらいの病気があります。そして、鳥の病気の大半は、鳥を専門的に診る獣医師に診察をしてもらわないと、状態や状況の診断が困難です。

なぜなら、獣医学科などで学ぶ内容は患畜の多い哺乳類が中心で、鳥類については大学卒業後にあらためて鳥が専門の獣医師のもとで数年間修行をしないと診断を下せるレベルに至らないためです。

またそれが、「鳥も診ます」と謳(うた)う動物病院ではなく、「鳥を専門とする獣医師がいる鳥の病院に行ってください」と常々言っている理由でもあります。

専門家の診察が不可欠

ほかの動物も鳥も、自分から具合が悪いとは語ってくれないこともあり、人間が病気に気づくのは、かなり症状が進んでからのことも多く、死の直前までまったく気がつかなかったということも少なくありません。鳥は、素人が判断することがとても難しい生き物でもあります。

さらには、すぐには病院に連れて行かず、様子を見てから搬送されることもしばしば。自身の都合を優先した結果、病院に連れて行ったときにはすでに手遅れというケースも残念ながらあります。

また、十分な鳥の診断ができない病院に連れて行ったことで誤診されたり、貴重な残り時間を浪費してしまい、助かる命が助からなかった例もあります。

鳥においても、脳、心臓、肺、口腔内や喉、胃や腸、肝臓や腎臓、膵臓、精巣や卵巣、目や耳、上肢（じょうし）（翼）や下肢（かし）、皮膚など、人間と共通する部位や臓器に人間と共通する病気が発生する可能性があります。そ嚢や総排泄腔、気嚢、鳥が羽毛に塗る脂を出す尾脂腺（びしせん）など、鳥特有の器官や組織に問題が生じることもあります。

生き物である以上、病気になる可能性は必ずあります。

レントゲン撮影や血液検査。投薬や薬剤の注射、点滴、ネブライザー治療ほか、専門の病院でしか行えない検査や治療は多岐にわたります。病院に行かないと命を失う病気は多く、早期に治療を始めないと手遅れになる病気もたくさんあります。

事故に遇うこともないとはいえません。単純な骨折なら、鳥が専門の獣医師による整復手術とリハビリで、もとの生活を取り戻せる可能性があります。しかし、そうした獣医師のもとに連れて行かなかったり、行くのが遅れると、大きな障害が残って、のちの生活に支障がでることもあります。

鳥が鳥らしく暮らすためにも、そうした事態はできれば避けたいところです。

家庭内では火傷をする可能性もあります。あまり重いものではなかったとしても、ケガや火傷のあと、免疫力が下がって身近な細菌や、日常空間に存在する真菌などに日和見感染し、場合によっては重篤な状態になることもあります。

そうなった場合や、そうなる可能性のある場合も、鳥の病院での適切な治療が必要です。自然治癒はしません。

重ねて書きますが、鳥の専門病院でないと治療できない病気はたくさんあります。愛鳥の命が大事なら、通院をためらわないでください。おなじ家でともに暮らす命を守ってください。

人間の判断の遅れ、対応のまずさも問題

もっともよくないこと

ともに暮らす鳥について心配事ができたとき、インターネットで相談してみようかと思うこともあるでしょう。実際に相談した経験がある人もいるかもしれません。ただ、ネットでの相談にはマイナス面もあることは、十分に理解しておいてください。

相談者に助言をくれるのはだいたい、同種もしくは異種の鳥の飼育者で、専門家ではありません。基本的には、自身の経験やもっている情報をもとにアドバイスをします。しかし、似たかんじに思えても、実際には相談者の鳥とは状況が異なっていることもあります。

アドバイスを信じ込んで実践するのは、実はとても危険な行為かもしれません。そうしたネットでの相談には、その鳥の命に重大な危機を招く可能性があることも理解しておいてください。

「急いで病院へ」という助言なら意味がありますが、専門家ではない人間が、鳥を実際に見る（診る）ことなく、「こうすれば大丈夫」と伝えてくることには、非常に大きなリスクがあります。

インターネットはとても便利な存在ですが、正しい情報を伝えてくれる保証はありません。

それよりも問題なのが、だれかに相談したことで安心してしまう人間の心理です。なんとなく安心して、緊張が緩み、考えること自体が止まって、結果として通院のタイミングを逸してしまうというのは、悲劇でしかありません。

前項でも解説したように、病院に行かないと治せない病気はたくさんあります。専門家が精密検査を行わないと、判断ができないことも少なくありません。緊急手術が必要な症例もあります。

判断できないときは獣医師のもとに

そのまま見守るのか、病院に連れて行くべきか、自身で判断がで

きないときは病院に相談してください。

「今、こんな状況です」と話すと、「今すぐ連れてきてください」など病院側からリアクションがあります。それに従ってください。

ただし相談できるのも、そこが行き慣れた病院であればこそです。

定期的な健康診断を勧めるのも、一度、あるいは何度か病院に行って健康診断を受けていれば、そこがどんな病院で、どんな対応をしてくれるか、信頼できる病院かどうかも事前にわかるからです。

行きつけの病院なら、ルートも、そこまでの所要時間もすぐに頭に浮かぶはずです。また、病院側もその鳥についての基礎情報は把握できているので、カルテを通して、状態の予測ができ、緊急性の有無などを伝えてくれる可能性もあります。

あなたの判断の早さがその鳥を救うかもしれません！

判断の遅れ、判断の甘さも鳥を殺す

突然、鳥が病気になるなど非常事態のとき、だいたいの状況が把握できたら、いたずらに情報集めに時間をかけたりせず、ひとまず素早い判断を下してください。

素人に聞くのではなく、専門家に診てもらうと。

判断が早ければ、即座に次の手も打てます。それが、最終的には鳥と飼い主のためになります。

また、判断が早く、対応が早いことで、投薬が必要と診断されても短期間で済み、後遺症などを残さずに治癒できるかもしれません。鳥のその後のＱＯＬがこれまでどおりに維持されるかもしれません。

鳥の病院で行われる検査と治療

病院での検査、診察と治療

鳥の専門病院に行ったことがない方も多いと思います。そこでなにが行われているのか、どこまで診察や治療ができるのかわからないので、行くことをためらっている方もいるかもしれません。

ここでは、鳥の専門病院で行われている、おもな検査や診察や治療について紹介してみましょう。

こうした解説によって、鳥の専門病院に行くことに対する垣根が少しでも低くなることを期待します。「専門病院なら、うちの子の治療の方針が立てられるかもしれない」と思ってくれる方が増えてほしいと願います。鳥の専門病院に対する理解が進むことも、鳥の長寿への道と考えています。

とにもかくにも病院に行かないことには治せない病気があります。「治療法はあります。大丈夫ですよ」といわれることで、「もうだめだ」と諦めずに済むこともあります。入院して24時間看護を受けることで救われる命もあります。

その先は費用との相談になりますが、上手く鳥の専門病院が利用できて、病気の鳥が快癒することを祈っています。

糞便検査からわかること

健康診断等の際に、まず行われるのが「糞便検査」です。フンを顕微鏡で見て、食べたものがしっかり消化できているか、消化管に入り込んだ寄生虫はいないか、真菌はどうか、細菌バランスはどうかなどを見ます。同時にフンの色

鳥を専門とする獣医師の努力のおかげで、鳥の医療は大きく進んできました。

も視認します。フンの色やその状態にもさまざまな病気の徴候が現れるため、ここからも多くのことがわかるからです。

フンではないのですが、メスの鳥で、総排泄孔から透明な粘液や血の混じった粘液が排出された場合、卵巣〜輸卵管のどこかに病変がある可能性があります。そうしたものが見られたときは、なるべく早く状況を説明して、鳥専門の獣医師の診察を受けてください。

糞便検査では、フンとともに排出されるフンにぺっとりとついている尿も確認します。

本来、白いはずの尿が黄色くなっていたら肝機能に問題があることを意味します。

これは飼い主でもわかるので、尿の色がおかしいと感じたときは病院で検査をしてもらってください。さらに血液検査までですると、かなりのことがわかります。

なお、尿が黄色を通り越して黄緑色になったときは、溶血反応が出ていると診断されます。

そ嚢検査からわかること

糞便検査と前後して、食べたものを一時的に溜めておく「そ嚢（のう）」から「そ嚢液」を採取して顕微鏡観察などをする、「そ嚢検査」をします。トリコモナスなどの原虫、真菌のカンジダなどが見つかることがあります。

こうした検査は鳥が専門の病院なら問題なく行われますが、「鳥も診ます」という動物病院ではできないところも多いので、動物病院に行く際は、してもらえるかどうか、事前の確認が必要です。

レントゲン検査でわかること

翼や足に骨折の可能性がある場合、レントゲン撮影をして確認します。メスの鳥では、太い骨にカルシウムが蓄積されているかどうかもわかり、発情の状態が確認

できます。

近年は、女性の乳房のマンモグラフィ検査などの技術が進んだこともあり、やわらかい組織もレントゲン撮影をして、状態を確認することができるようになりました。

もちろん、鳥の内臓も撮影が可能です。心臓の大きさ、肝臓や脾臓の大きさ、生殖器の腫れなど、確認することができます。

肥満の鳥は、比較的短期間で高脂血症、高コレステロール血症となり、動脈硬化が進行します。進行した動脈硬化もレントゲン写真から確認することができます。

ケガの治療

骨折はおもに足や翼に見られます。単純な骨折の場合、正しい位置に整復したのち、骨の中心に金属のピンを通すなどして固定し、骨がつくのを待ちます。多くの場合、人間の骨折よりも短い時間で治ります。

鳥は外傷に強く、出血が止まるのも早いため、パニックになって風切羽が何本も抜け、それなりの出血があった場合も、血が止まっていれば特別な治療もなく診察が終了することもあります。

ただし、大きなケガで大量出血し、貧血が酷く、生命が危険と判断された場合は、同種の鳥から輸血を行うこともあります。

なお、火傷の場合、一見軽そうでも、しっかり治療しないと生命に関わるケースがあります。

鳥専門の病院では火傷の治療もしますので、そうした状況の場合、急いで搬送してください。

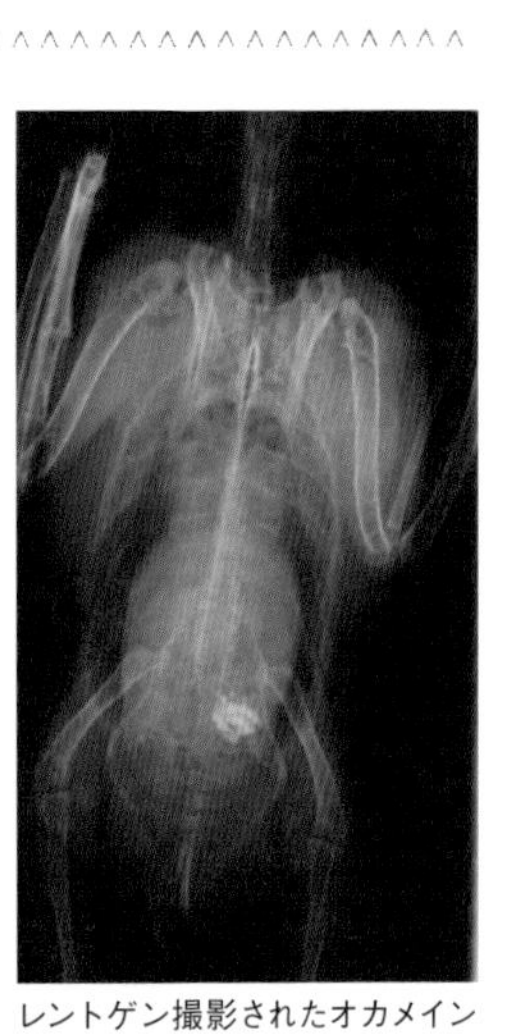
レントゲン撮影されたオカメインコの骨格。

ネブライザー治療

カビ（真菌）の一種であるアスペルギルスが肺や気嚢に入り込んで肺炎や気嚢炎を起こしてしまったケースなど、菌に効く抗生物質を霧状にして吸わせます。

点滴治療

鳥は一定の時間じっとしていて

くれないため、鳥の場合、背中の皮下に薬剤を注射して「液溜め」をつくり、そこからゆっくりと体に吸収させることを「点滴治療」と呼んでいます。さまざまな状況で行われます。

入院看護と酸素吸入

急変の可能性がある。飼い主に看護は難しい。自力で食事が取れず強制給餌が必要。一定期間にわたって点滴や投薬治療が必要。酸素濃度を上げた空間（酸素室）が必要。

手術を受けた（受ける）状況にある場合ほか、こうした状況が複合的にある場合など、入院して看護されることになります。

ウイルス検査

サーコウイルスが原因の「オウム類の嘴・羽毛病（ＰＢＦＤ）」、ポリオーマウイルスが原因の「セキセイインコ雛病（ＢＦＤ）」、ボルナウイルスが原因の「腺胃拡張症（ＰＤＤ）」、ヘルペスウイルス感染症（パチェコ氏病など）などについては、遺伝子検査（ＰＣＲ法）でウイルスを確認し、治療していきます。このほか、オウム病を引き起こすクラミジア科のクラミドフィラ・シッタシもＰＣＲ検査で確認が可能です。

そのほか

人間の場合、内科、外科、整形外科、皮膚科、眼科、口腔外科など、診療科が細かく分かれていますが、鳥をはじめとする動物の医師はあらゆる部位のあらゆる状況を診察します。

食欲が落ちている鳥の原因を調べて対処したり、飛べなくなった鳥については肩の状態や可動域を調べたり、歩けなくなった鳥についてもその理由を調べたりします。白内障をはじめとする目のトラブルも診ますし、咳が止まらない、呼吸に異音が聞こえるなど呼吸器の異常も診ます。羽毛につく寄生虫も調べます。

獣医療は日々、進歩しています。鳥の治療に関わる新たな情報も常に更新されています。鳥を診る獣医師も、日々、学び続けることを義務づけられています。

コラム

長生きと延命のあいだにあるもの

もっと生きてほしいという願い

愛した相手の命に終わりが見えたとき、もっと長く、1日でも、1時間でも長く、と思ってしまうのは人として自然なこと。それは愛した鳥に対してもいえることです。

可能な限り給餌をして、必要と思える薬を与えて、声ではげまして、なでられるだけなでて。できることはなんでもしたいと思う人も少なくないでしょう。

鳥自身も、息が止まる最後の瞬間まで、自分が死ぬとは考えません。食べられなくなっても、体が上手く動かなくなっても、最後まで生き続けるだけです。

正解はありません

鳥が自力で食べられなくなったとき、給餌を続けて命をつないでいくかどうかの判断は、飼い主にゆだねられます。

放置すれば数日で死。でも、食べさせ続けると、まだしばらくは生きている。そんな状況のとき。多くは、自身でそれができるのなら強制給餌を続けることでしょう。毎日病院に通い、給餌をしてもらう方もいます。

問題は、鳥が体のどこかに強い痛みを感じている場合など。給餌をすると生き続ける。でも、生きているあいだ、ずっと痛みや苦しみが続く。それは、この子にとっていいことなのかと悩みます。正解はありません。飼い主がどうしたいか。その鳥がそれでも生き続けたいか。無理な延命はしたくないと思う飼い主は多いでしょう。給餌をいつやめるかは、とても難しい問題です。

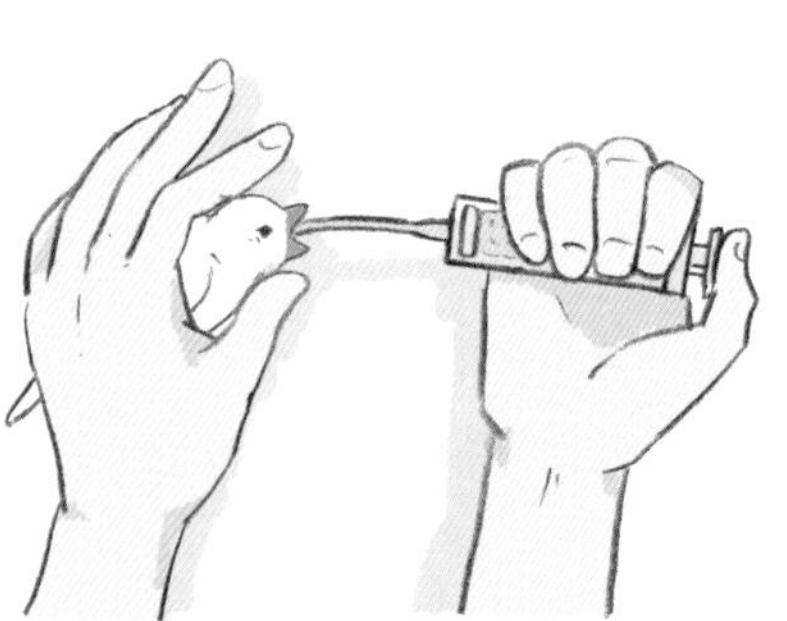

治療後の寿命

強い薬の副作用

薬が効いて、重篤だった病気から回復した場合でも、使った薬の副作用によって内臓系、特に肝臓を傷めるケースが多々あります。

強くよく効くものの、肝臓に対する毒性（肝毒性）の強い抗生剤を長期に渡って使用すると、肝臓に大きなダメージが残り、機能低下を起こします。機能を大きく落とした肝臓の完全回復は極めて難しいと考えてください。

さまざまな書籍で解説してきたように、肝臓は、鳥の暮らしの要であり、常に過剰な負担がかかっている臓器です。免疫機能に関わることに加え、1年に1、2回ある換羽の際にフル稼働します。

使った薬で肝機能が落ちている鳥が、換羽の時期に肝臓あるいは全身に負担のかかる状況になったとしたら、その鳥の肝臓は限界を越えてしまいます。

たとえば、さらに想定外の病気にかかってしまうとか。人間の不注意などから体を冷やしてしまい、体調を崩してしまうこともあるでしょう。特に後者は些細なことと思われがちですが、肝機能が低下している鳥においては、死を含めた憂慮すべき事態となります。

肝臓を傷める＝寿命を縮める

鳥の肝臓は永遠には機能しません。年齢を重ね、使えば使うほど弱っていき、最終的には限界に達します。

大きな病気＋抗生剤で弱った肝臓は、より年齢を重ねた肝臓——

かなりの高齢鳥の肝臓に近いレベルにまで、その機能が落ちていると考えてください。

それからさらに肝臓の機能が低下してしまった場合、その後の繰り返される換羽に耐えられなくなる可能性もあります。

大病後の鳥は、ほかの鳥よりも虚弱だと思って接してください。特に温度管理においては、過保護にするくらいがちょうどよい接し方と考えてください。

しっかりとした温度管理、体調管理をして、なにかおかしなところを見つけたときは獣医師ともしっかり相談して対応を決める。

そうすることで、本来の寿命よりも短くなってしまった鳥生を、可能なかぎり長く維持することができるようになります。

新たな病気が見つかった場合も早期に治療を開始することで体への負担は減らせます。一気に寿命を削るようなことにはなりません。

病気から回復した鳥の寿命をさらに縮めてしまうか、できるかぎり長く維持できるかは、飼い主さんの行動しだいです。

愛情を伝え続けることもプラスに

大病をして生還した鳥は、以前にも増してともに暮らす人間に寄り添い、愛情をほしがるようになります。ときに、性格が変わったみたい、と表現されるほどに。

そうした鳥には、要求に応じて精いっぱいの愛を返してあげてください。それが、その鳥の願いでもあります。また、スキンシップを重ねることで、下がっている免疫力が上がります。それは裏を返せば、弱った肝臓の負担を減らすことにもつながります。

大病後、よりフレンドリーな性格に変わった鳥には、その鳥が求めるだけの愛情を返してあげてください。それが寿命を伸ばします。

健康診断でつなぐ命

早期発見をめざす

早く問題を見つけることができると、早く治療が始められます。早く治療が始められると、完治する可能性が増えます。鳥もおなじです。

それがはっきりわかっているため、鳥の専門医は定期的な健康診断を勧めます。そこで少なからぬお金を使ってしまうかもしれませんが、健康診断をしなかった数年後に大きな病気が見つかった場合、定期的に健康診断をしていた場合よりも多額の費用がかかってしまうかもしれません。

健康診断をしない方法？

定期的な健康診断をしたほうがいいですよと主張しておきながら、実はうちの鳥たちはあまり健康診断に行っていません。

そのかわり、体や挙動になにかおかしい点があることに気づいたとき、即座に予約を入れて病院に連れて行っています。間隔は数カ月~2年に一度くらいでしょうか。その際、原因を考え、糞便やそ嚢、レントゲン検査ほか必要な検査をしていただいています。均(なら)すと、診察は半年に一度の健康診断よりも多いペースかもしれません。

あまり勧めませんが、こういう方法もひとつのやり方です。いずれにしても、おかしな点を見つけたなら、次の健康診断でいいやと思わず、早期に病院に連れて行ってください。

コラム

治療のコストの話

早く治療を始めたほうが安い

鳥の飼育にはお金がかかります。大きな病気で入院、手術があると、十数万円を超える出費になることもあります。

ですが、病気の初期に気がついてすぐに治療を始めると、かかる費用は放置した場合の数十分の一で済みます。動物病院が定期的な健康診断を勧めるのも、そこで少し費用が発生したとしても、早く病気を見つけて治療を始めたほうが動物にとって負担が少なく、飼い主のお財布の負担も減らせるからです。

大病後には障害が残るかもしれません。使った薬が内臓に負担をかけ、生涯、薬を飲ませ続けなくてはならなくなる可能性もあります。

鳥のＱＯＬを考えたとき、それはできるだけ回避したいことです。また、その後も病院に通い続けることになると、そこでもさらにコストが増えることになります。

健康な生活の維持も、コスト減につながる

もとより、病気にならない暮らしをすることも大事なことです。食べ物に気をつかい、栄養バランスを考え、ストレスを溜めない暮らしをする。その鳥種についての正しい知識をもっておく。そうしたことを意識して生活することで、最終的にコストを下げることができます。

しかし、生き物はいつどのような病気になるかわからないのも事実。そのときになってお金がなくて病院に連れて行けないというのが最悪の事態です。

早く連れて行けばよかったという後悔がなくなりますように。

人間の注意の限界を超えるのはNG

あなたが見られる数は何羽？

「この子」と決めて、一羽飼いが長い方もいれば、百羽を超える大所帯で暮らしている方もいます。各人が飼育している鳥の数には大きなちがいが見られます。

多くはケージ飼いですが、庭や屋上に禽舎をつくってそこに複数の鳥を飼っている方、マンションの一室やその半分を改造して、鳥部屋をつくってしまった方もいます。

「鳥を飼う」、「鳥と暮らす」といっても、考え方も暮らし方もさまざまで、「正解」はありません。が、個人がしっかり見られる鳥の数には「上限」があります。

注意力は変化する

人間の注意力は、状況によって大きく変化します。年齢によっても変わるほか、対象によっても変化します。仕事に関わることには注意力が働くのに、家庭の中ではその半分も働かないというケースもあります。

思い込みで、対象物を注意深く見なくなることもしばしば。鳥の飼育現場でも同様の状況が見られます。ケージの中の鳥をちらりと眺め、「今日も元気」と思い込んでしまう人はとても多いです。

すべての音を消してケージの前に一定時間座り、挙動や呼吸などを音も含めて観察していたら、失われなかった命も多数あります。

ともに暮らしている鳥は、毎日しっかり様子を観察してください。異常があったときには早くそれに気づいてください。それが、鳥の健康を守り、命を護ります。

注意には限界もある

一羽飼いあるいは二羽飼いの場合、多くの飼育者は毎日じっくり鳥を見ています。それ以上の数を飼っている場合に比べて、異常に気づくのは早い傾向があります。

少数飼いで、「この子の健康を守って幸せにするんだ！」という意識をもっている方は、病院対応も早い傾向があります。

一方で、多数を飼っている場合、特に十羽を超える鳥を飼っている場合、どうしても一羽一羽に目を向ける時間を減らさざるをえません。異常に気づかないことも出てきます。

複数飼いの場合、どうしても気になる子と、放置されがちな子が出てきます。放置されがちな子に問題が出た場合、かなり悪化するまで飼い主が気づかないというケースもあります。

飼育者本人がしっかり見られる数を超えた鳥を飼うことは、できれば減らしてもらいたいと願っています。

家族も世話をしてくれるという場合においては、エサや水を換えたり、放鳥時に一部を見てくれたりすることはあると思います。ですが、わずかな異常などは飼い主でないと気づかないこともあります。それを心に留めていただけると嬉しいです。

通常時と非常時

もう一点、心に留めておいてほしいのが、生き物には体調を崩したり、病気になる可能性が常にあること。「医療資源」という言葉を聞くことも増えた昨今ですが、だれかが重篤な病気になってしまった場合、飼い主がしっかり見られる鳥の数はさらに絞られます。

先に具合の悪くなった鳥にかかりきりで、ほかの子の体調変化に気づかないケースもあります。先の子は助かったものの、あとから体調を崩した子が死んでしまったという事例も実際にありました。

そうした不幸な状況を少しでも減らすためにも、平常時、そしてまさかのときに自分がしっかり見られる鳥の数を把握しておいてください。

それもまた、鳥を短命にするリスクを減らす方法のひとつです。

筆者がしっかりと見られる鳥の数は6羽が限界なので、それ以上の数を飼ったことはありません。

鳥を訓練することのリスク

「遊び」は必要

必死に食べ物を探す必要もなく、怖い捕食者もいない家庭の中で、鳥たちには自由になる「時間」がたくさんできます。

逆をいうとそれは、暇をもてあまし、退屈することが増えるということでもあります。一羽飼いの場合、鳥が感じる寂しさが増えることにもつながります。

そうさせないために、飼い主には、かまう時間、遊びにつきあう時間を増やしたり、おもちゃを与えたりする必要が出てきます。

鳥になにかを教え込む

鳥とともに楽しめることであり、鳥の退屈の解消にもつながると、動物心理学的な方法にもとづいた訓練をして、「鳥になにかを教え込む」ということをされる方もいます。

ボールを押して転がらせ、並べたピンを倒す「ボーリング」や、立てた細いピンに輪を引っかける「輪投げ」など、多彩です。

使われている手法は、長く動物の訓練に使われてきたやり方で、「できたらごほうび（食べ物）を与える」というもの。

一日に必要な食べ物の量を把握して、過剰に食べさせないことが最近の鳥飼育の基本になってきています。食べすぎによる肥満は、鳥の健康を損ない、短命化のリスクを高めることにもなるからです。

鳥の訓練で使う食べ物を一日の

輪投げをして遊ぶ鳥。

食事から分けておいて、あることができたらそれをあげる、という厳格なルールに沿って行っている方は問題ありません。

問題は過剰な食べ物

問題になるのは、本来の食事とは別に、訓練用のエサを与え続けている場合です。もちろんそれは過剰な食べ物であり、日々続けられると、鳥の体内の余剰な脂肪を増やすことにもなりかねません。

鳥の訓練は、遊びとしては意味があります。しかしそれは、鳥がやりたいこととはかぎりません。「食べ物がもらえる」ことを学習して、それをおぼえた鳥も少なくありません。そして、これをやると食べ物がもらえるとわかった鳥は、何度も飼い主にやってみせることで、「食べ物がもらえる」ことを期待します。多くを期待する鳥に何度もエサをあげることで、待っているのは「肥満」です。

飼い主の内にも、あることができたから次はこれ、という期待が生まれ、次々とちがう訓練を施していくケースがあります。「ちょっとずつだから問題ないよね?」と、どんどん訓練をして、食べ物を与え続ける先になにが待つのかを知ってほしいと思います。

また、「そんなに食べたら肥満になるから、もう食べ物はあげないよ」と突然いわれた鳥は、おなじことを続けているのになぜ食べ物をもらえなくなったのかわからず苛立ちます。それはストレスです。

もう一点つけ加えると、心理学的方法を使った長期の訓練を続けたヨウムでは、そうしなかったヨウムに加えて毛引きの率が高まることもわかっています。鳥の知能について多くを教えてくれたアレックスというヨウムがいましたが、晩年はおなかなどの羽毛が毛引きされていた姿が印象的でした。

事故は家庭内のどこで起こる？

危険予知訓練をする

工業製品をつくっているメーカーの工場などでは、以前より「危険予知訓練」が義務づけられています。

訓練は、その工場内で過去にどんな事故が起き、ケガ人や死者がでたのか。事故が起きた場所と時間と理由について、なぜその事故が起きたのか、なぜその時間だったのかを従業員に確認させることから始まります。

そして、事故にあった者の当時の意識を想像させたり、現場を実際に見て事故をイメージしてもらい、そこで起こったことを記憶に留めて、各人の心に強く注意を促すというものです。

どんな事故が起こりうるのか。どういう状況で起こるのか。それを知っておくだけで、事故回避の確率が格段に上がります。それが、昭和の時代から訓練が継続されている理由です。

こうした「危険予知訓練」は、動物と暮らす家庭でも必要なものとなります。自宅に加えて、友人・知人宅やインターネットなども含めて情報を集め、事故が起きる可能性のある家庭内の場所をリストアップしてみてください。そして、自宅ではなにをすれば同様の事故が防げるのか、頭の中でシミュレーションしてください。

事故現場（可能性）のリストが頭の中にあり、そして、いざというときの対応シミュレーションがあれば、事故を限りなくゼロに近づけることができます。といっても、人間の暮らしの中で、事故の可能性を完全にゼロにすることはできないため、常に注意をし続けることも大切です。

キッチン、洗面所、リビング

床にいる鳥が踏まれる事故は後を絶ちません。古いエッセイ（随筆）を読むと、同様の事故は江戸時代から起きていたことがわかります。ドアに挟まれる事故もあります。こうした事故では多くの場合、死亡につながります。

窓ガラスや鏡を見て、この先に行けると思い込んだ鳥が衝突する事故もあります。パニックになった際に、そこに突っ込んでしまうこともあります。学習をしないと、鳥はそれが実は「壁」であることに気づきません。

なにかに驚くなどして飛んで、着地場所を誤って、冷蔵庫のうしろやタンスなどの家具のうしろ、テレビやオーディオなどのうしろに落ちて出られなくなることもあります。

飼い主が目を離した隙の出来事で、どこに落ちたかわからないケースは特に危険です。もともと無口な鳥の場合、そうした状況になってもまったく声をあげないこともあります。見つけてあげられないと、命にかかわります。

こうした実例もあるため、放鳥時はぜったいに目を離さないことが基本です。また、多数の鳥を飼っている場合は、見られる範囲の数の放鳥を徹底してください。

そして、かねてよりもっとも危険な場所とされるのがキッチン。

火も使えば、刃物もあります。アボカドなど、口にすると鳥が死に至る食材もあります。とても好奇心の強い鳥の場合、自分から火のそばに近づいて、至近距離で炎を見ようとする例もありました。

キッチン、洗面所、バスルーム、リビング、ベッドルーム、玄関。窓がある場所すべて。とにかく警戒して見守ってください。

危険は予想外の場所にも

危険はあらゆる場所にあります。ここで挙げた例以外にもおそらくあるでしょう。

どうか、自身や家族に対して、危険予知訓練を施してください。鳥たちの安全のために。ぜひ！


【家庭内で事故が起こる可能性のあるおもな場所と例】

◆人間の近く

▶足や尻で踏まれる（床、椅子、運動器具ほか）、蹴られる

◆飛んで落ちる

▶洗濯機、本棚、食器棚、冷蔵庫、テレビ台の裏など

▶ベッドの横、ほかの隙間　▶湯船　▶ごみ箱

◆挟まる

▶室内の扉　▶襖　▶布団（鳥が挟まったまま上げ下ろし）

◆ぶつかる

▶窓ガラス　▶洗面所の鏡　▶壁　▶急に動いた人間

◆火傷

▶熱した鍋　▶ガスやＩＨのコンロ　▶低温火傷するもの

◆かじる、食べる　⇒4章にて別途解説

▶観葉植物（葉、茎、花、土）　▶有毒金属

▶アルコール、アボカド、チョコレートほか

▶消化管を詰まらせる可能性のあるもの（布などの繊維）

◆吸う

▶フッ素樹脂製品から出るガス　▶ヘアスプレーなど

人が持ち込む病気と、消毒の重要性

危険は予想外の場所にも

ウイルスなどに対する防御の重要性が社会に浸透してきました。

鳥インフルエンザ、オウム病の原因であるクラミドフィラ・シッタシなど、病気のもととなる病原は鳥の場合、糞便などに含まれ、たまたま口に入ったり、乾燥して細かいチリ状になったフンを吸い込むことで感染します。

ウイルス等について鳥はなにも認識しないため、それらからきっちり防御するのは人間の役目です。

コロナウイルスについては鳥はあまり心配されていませんが、危険なウイルスはほかにもたくさんあります。そのため、ペットショップやハトが集まる公園など、鳥がいる場所から帰ってきたら、鳥たちと遊ぶ前に必ず手を洗い、着替えてください。持ち歩いたバッグの消毒も不可欠です。

コロコロのついたキャリーバッグを持って歩いていた場合、バッグ本体に加えて地面と接する車輪部分も慎重に消毒してください。確実に菌やウイルスがついているので、そのまま部屋に上げるのは危険です。できれば同時に靴裏も消毒してください。

友人などがキャリーバッグを持って訪問してきた際も、自身と同様の消毒を指示してください。

このほか、鳥を連れたオフ会などが行われることもありますが、そうした場所に集まる鳥の中には未検査の個体が混じっていることもあります。参加はどうぞ慎重に！

愛鳥を短命にしないための病原からのガードは、神経質なくらいの方がよいと考えます。

車輪の部分も消毒が必要です。そのまま家に上げると、さまざまなウイルスなどを家の中に持ち込むことになります。とても危険です。

chapter

3

鳥の心と体への理解が、鳥を護る力になる

鳥がどんな生き物か知らないことも短命の要因に

まず知ることから始まります

直感的に、この人とは仲よくなれそうと思ったとしても、初めて会った相手のことは、だれも最初はよくわかりません。性格も考え方も、行動パターンも、体質も。だから、知る努力をします。好意があれば、知る努力もまた楽しいものです。

生き物との出会いもおなじです。人間以外の生き物と暮らそうと思ったとき、人間との暮らしではどんなライフスタイルになるのか、なにを食べさせたらいいのか、どんな基本性格をもっているのか、野生ではどのように暮らしているのかなど、知る努力をする必要があります。

鳥を識ってください

当然、鳥に対してもそうしたことが求められます。しかし、ごく最近まで、大きな問題もありました。

① 鳥に対する研究が遅れていたため、正しい情報が提供されていませんでした。

② 古くから知られた飼育情報の中には、不確かなことや根拠のないものもありました。検証されずにきたこともありました。そうした情報が、長く鳥を飼ってきた人などから伝えられ、信じてしまうということもありました。

③ 古い鳥の飼育書には、現在は否定されている飼育の方法も書かれていました。哺乳類の専門家が

哺乳類の情報をアレンジして書いた内容もあり、鳥には合っていない情報もありました。

④　鳥には心などないという古くからの考えが、多くの研究者の心を縛り、それが鳥の脳や心理の研究の遅れにもつながりました。そのため、鳥の心理を尊重した飼育は行われてきませんでした。

⑤　野の鳥と飼育されている鳥では「意識」にちがいが出ることや、飼育下では行動が変化する種がいる（多い）ことも知られていませんでした。

⑥　インターネットなどを通して手に入る情報は玉石混淆（ぎょくせきこんこう）で、まちがった情報も存在しているにもかかわらず、一定の知識がないと正しいか正しくないか、判断ができないということもありました。

この20年で鳥に対する研究が進み、医療面での情報も蓄積されてきました。心理の理解も深まり、脳に関してもさまざまなことがわかってきました。鳥を識るための土壌は今、熟しつつあります。

しかし、正しい情報は、一般にはまだあまり浸透していません。それを伝える書籍や雑誌、専門家が少なかったためです。

「正しさ」が更新されても、これまでの飼育法が正しいと頑なに信じている人もいますし、新たな情報を入手する手段をもたない人もいます。

イヌやネコの飼育の場においても近いことが報告されていますが、現在、飼育者の鳥に対する理解が二極化して、情報格差も生まれています。

鳥はどんな生き物？

鳥が恐竜の子孫であること。それも肉食の小型恐竜の直系であり、暴君の名で知られるティラノサウルスの「親戚」であることが、鳥好きの人々のあいだに浸透したのも最近のことです。

　鳥類学者は恐竜に目を向け、恐竜学者は恐竜の子孫である鳥たちに関心をもつようになりました。鳥、恐竜、それぞれの深い理解のために、その祖先や子孫の研究が相互に不可欠とわかったからです。

　子供向けの鳥や恐竜の図鑑に真実が明記されるようになったことで、子供たちのあいだには急速に理解が広がっていますが、こうした事実を知らない大人はまだまだ少なくありません。

鳥たちは恐竜から進化しました。絵は、祖先の親戚です。

　この状況を変えないと、飼育されている鳥たちに、健康で、より長生きできる環境や暮らしを提供できません。この本が企画されたのも、そうした状況を変えていきたいと思ったからでもあります。

　飼い主が鳥がどんな生き物なのか知らないことも、「鳥が短命になる要因」になっています。そのため本章では、鳥がどんな生きものなのか、体と心の両面について、飼育に関わることを中心に少し詳しく解説をしてみようと思います。

　とはいえ、何十ページにもわたって詳細を語るスペースはないので、本章で書かれている以上の、もっと詳しい情報がほしいという方は、『鳥を識る』（春秋社）なども読んでみてください。こちらの本も鳥に関心をもつ人に向けて、鳥への理解を深めてもらうために書かれたものです。

鳥の呼吸と肺のこと

鳥の進化とその肺

　数億年前、地球の酸素が薄くなったとき、鳥の祖先と人間の祖先（哺乳類の祖先）は、それぞれ異なる呼吸システムをあみだして生き延びようとしました。

　人間の祖先は横隔膜をつくり、横隔膜の収縮（下、腸側に向かって引っぱる）と弛緩を繰り返すことで、肺を膨らませたり、しぼませたりして、口や鼻から空気を大きく取り込めるようにしました。

　一方、鳥の祖先は、肺のまわりに薄い膜の空気袋（気嚢（きのう））をたくさん発達させ、さらに肺の中の空気の流れを一方向に固定するという進化をしました。気嚢をもつことで、肺の容量の何倍もの空気を体内に取り入れることができるようになりました。

　鳥も人間もおなじように空気を吸って、吐いてを繰り返しているように見えますが、息を吐いているときも鳥の肺には気嚢から常に新鮮な空気が流れ続けます。大きく息を吸い込み、強く気嚢を収縮させれば、肺が取り込む酸素の量を飛躍的に伸ばすこともできます。

　地上の四分の一ほどの薄い大気のヒマラヤ上空一万メートルを、羽ばたくという激しい運動をしながら、意識をなくすことも高山病になることもなくツルが渡っていけるのも、気嚢をもつがゆえです。

　鳥の祖先の恐竜や、親戚の翼竜（よくりゅう）も、気嚢を使った呼吸のしくみをもっていました。彼らが巨大化できたのも、気嚢によって大量の空気を体に取り込み、大きな体の隅々まで酸素を行き渡らせることができたためではないかといわれています。

鳥の呼吸器がもつ不安点

　鳥類の呼吸のしくみは、哺乳類よりも優れたシステムであることは事実です。しかし、まったく問題がないわけではありません。

　たとえば、細菌や真菌などが呼

吸器に入り込んでしまった場合、肺も気嚢も広く病魔に冒される可能性が出てきます。成鳥の多くは太い骨の内部を含む体の随所まで気嚢が広がっているため、気嚢炎になると、体全体が病魔に冒されることになります。

　薬を微粒子にして吸わせるネブライザー治療を行っても、気嚢の奥まで薬が届かず、治療が難しい例も出てきます。

鳥は「鼻風邪」をひかない

　もう一点、人間と鳥のちがいを解説しておきましょう。「風邪」の罹患についてです。

　風邪と呼ばれるものは、喉から鼻腔にかけての炎症が中心で、人間の場合、大抵はコロナウイルスやインフルエンザウイルスなどのウイルスによって起こります。しかし鳥は、ウイルスによってこの部位が炎症を起こすことはありません。原因はおもに細菌か真菌で、マイコプラズマやクラミジアも炎症の原因となることがあります。

　抗生物質はウイルスには効かないので、人間の場合、最終的には自己の免疫力で風邪を治すことになりますが、鳥の風邪症状（くしゃみ、鼻水、鼻づまりほか）は、抗生剤の投与で早期の治療が可能です。風邪っぽいと思ったときは、鳥の専門病院に連れて行って診察を受けると安心です。

風邪症状や呼吸が荒くなったときは早めに病院に!

　炎症が肺から気嚢に広がり、悪化してしまうと難治療になるケースも出てきます。ケッケケッケッと短くくしゃみに似た音を出していたり（これが鳥の咳です）、呼吸が荒くなった場合は、急いで病院に連れて行ってください。咳がある場合、オウム病の可能性もありますし、肺などに炎症があるケースも多いです。

　鳥と人間の呼吸のしくみは大きく異なっています。似たような症状でも、原因と状況がちがっている可能性があります。その事実も知っておいてください。

鳥の内臓と水の循環、体温のこと

鳥も人も内臓の基本構成はおなじ

生き物は、食べ物から体に必要な栄養素とエネルギーを得ています。人も鳥もそうです。そしてともに、食べたものを分解する胃があり、吸収する腸をもちます。膵臓、肝臓、胆嚢、脾臓があります。

その基本的な機能や配置は共通する祖先から受け継いだもので、おなじような働きをします。そこからいえるのは、胃炎、糖尿病、がんほか、おなじ病気に罹患する可能性があるということです。

最近になって、健康に暮らしていくうえで、鳥、人間ともに、腸内細菌のバランスが重要であることがわかってきました。

腸内の細菌バランス（腸内フローラ）の悪い鳥に対して、優れたフローラをもつ同種の鳥のフンを腸内移植して、健康を取り戻そうという研究も始まっています。

鳥がもつ、そ嚢という器官

基本はおなじといっても、鳥の内臓には人間とは大きく異なる点がいくつかあります。そのちがいを知っておくことで、内臓に由来する病気の原因が推測しやすくなり、緊急性の有無も判断しやすくなるのではないかと思います。

両者のちがいとして最初に挙げたいのが、鳥の食道の途中にある「そ嚢」という器官です。鳥はここに食べたものを溜め、消化できる量を少しずつ胃に送るほか、育雛中はそこに溜めた食べ物を吐き戻してヒナに与えています。子育て中のハトは、そ嚢の内壁で哺乳類の母乳にも似た完全食（ピジョンミルク）をつくり、ヒナに与えています。これが消化管上部で、人と鳥とで大きく異なる部分です。

鳥も吐き気をおぼえて、実際に吐くことがあります。気持ちの悪さを感じているときに「生あくび」をするのも人間とおなじです。昼間に不自然にあくびを繰り返している場合、吐き気を必死で押しとどめているのかもしれません。なお、鳥が吐くのは基本的にそ嚢の中身で、そこに残った食べ物や粘液を頭を振って吐き散らします。

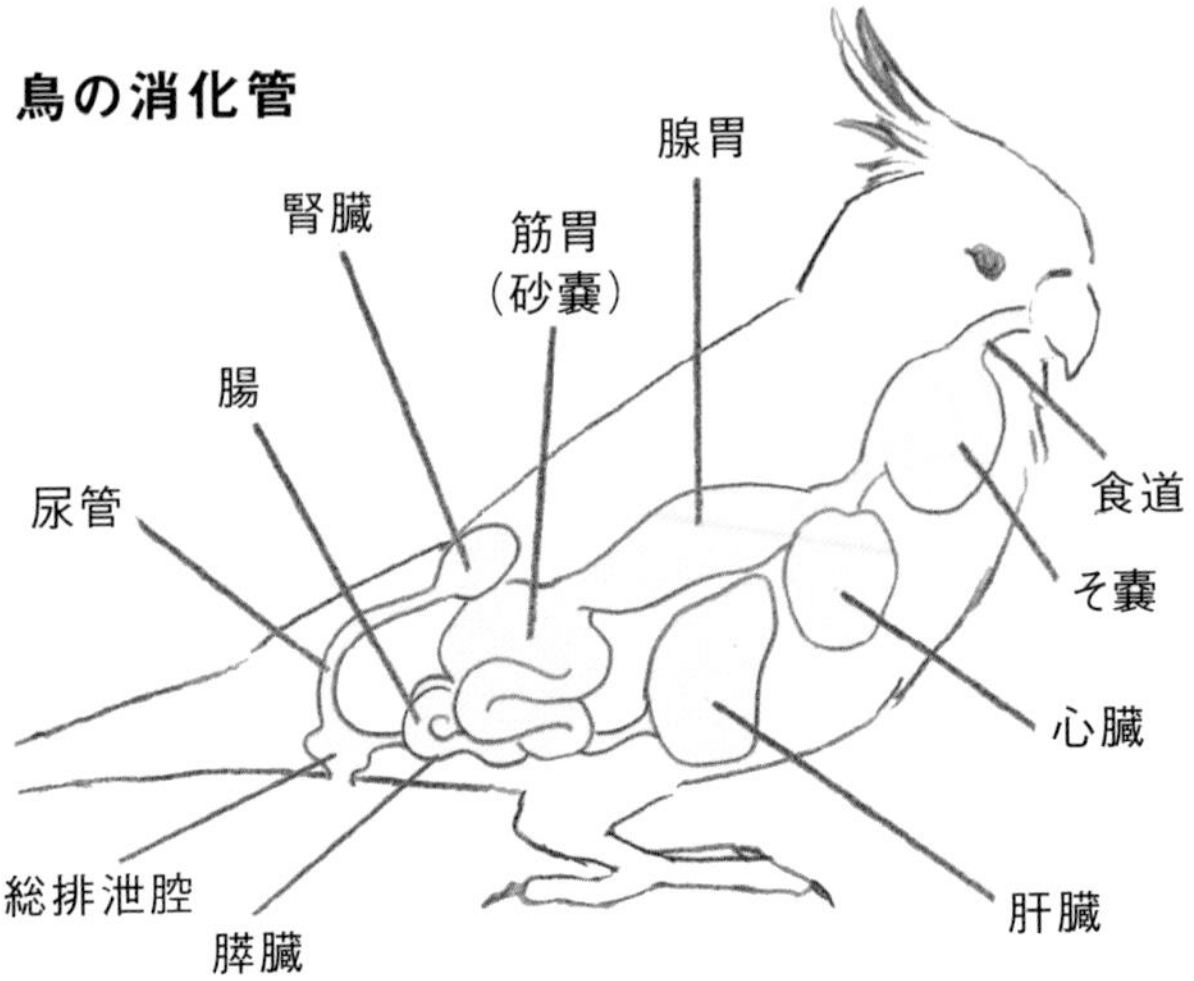

鳥の消化管

腺胃
腎臓
筋胃（砂嚢）
腸
尿管
食道
そ嚢
心臓
総排泄腔
膵臓
肝臓

細菌感染などにより、そ嚢に炎症が起きたり、異物を飲み込んだ場合のほか、体を冷やし、消化管の機能が低下したことで吐き気が出る鳥もいます。いずれにしても獣医師による診察と投薬が必要です。

体が冷えたケースでは、保温のうえ、処方される吐き気止めを飲ませると、多くはあっというまに快癒しますが、なにもせずに放置すると死に至ることもありますので、要注意です。

なお、電車や自動車などが苦手で、車酔いをして吐く鳥もいますが、病気ではないので、こちらについてはあまり心配はいりません。

2つに分かれた鳥の胃

進化の過程で歯を失った鳥は、食べたものを口腔内で噛み砕くことができず、丸飲みするようになりました。それでも消化吸収のためには、どこかで食べ物を砕いたり、擦り潰す必要があります。

そこで鳥は、胃を腺胃と筋胃（通称：砂肝（すなぎも）／砂嚢（さのう））の2つに分け、後者に擦り潰す機能を振り分けました。ただし、そのままでは十分な擦り潰しができないので、飲み込んだ小石などを擦り潰しの補助として利用しています。

筋胃の中の砂粒・小石粒は「グリッド」と呼ばれます。飼育鳥の場合、砕いた牡蠣殻のボレーをグリッドとして使う例もあります。

ただし、ボレーや塩土に含まれる砂粒を飲み込みすぎて筋胃がつまって食べたものがそこを通過できなくなると、死に至る可能性が出てきます。ふだんからボレーや砂粒などよく飲み込んでいる鳥は、それらをケージから取り除くなど、対応が必要になることもあります。こうした症例は、「グリッドインパクション」と呼ばれます。

体内のグリッドの量は、腹部のレントゲン写真で確認することができます。なお、塩土については問題が多いとして、現在は多くの鳥の専門病院においてケージから取り去る指導が行われています。

筋胃の前にあるもうひとつの胃、腺胃は、人間の胃に近い臓器で、強い酸性の消化液（胃液）で食べたものを化学的に分解しています。

徹底的な水の再利用

鳥が空を飛ぶ生き物であり続けるためには、常に体を軽くしておく必要がありました。体そのものを軽量化しただけでなく、大量に食べたり、水を飲んだりすることも控えるようになりました。

特に水については、体内でのリサイクルを徹底することで、飲む量を最低限にしています。

血液が全身の細胞に栄養と酸素を運び、腎臓が血液を濾過して不要物を取り除いているのも人間とおなじです。ちがいは、人間は尿（おしっこ）が「尿素」という水分のかたちで膀胱を経由して排出されるのに対して、鳥は「尿酸」という固体のかたちで排出されている点です。

緑がかった茶色のフンの上にぺったりと乗っている白い部分が尿です。不要な器官ということで、鳥の体内に膀胱は存在しません。

鳥のお尻の穴はひとつで、フンも産卵もここからします。そのため、「総排泄孔」と呼ばれます。

その奥にはフンを溜める「総排泄腔」と呼ばれる臓器があり、そこに腸と、腎臓からのびる尿管がつながっています。メスの場合、できた卵を排出する輪卵管もここにつながります。

鳥の腎臓では不要物を尿酸というかたちでより分け、水分は血液内に留めて、ふたたび体内をめぐるようにしていますが、それでも総排泄腔に排出された尿には、それなりの水分が残されています。

鳥は、総排泄腔内の糞尿に残る水分も、蠕動（しゅんどう）によって腸へと逆送し、腸の下部で再吸収させています。徹底したリサイクルです。

ちなみに驚いたときや危険を感じたとき、インコなどは普段よりも水分量の多いフンをその場に残して飛び立つことがあります。それは、生命の危機を回避するため、体内に残っている糞尿を腸に戻さずに急いで外に出し、少しでも体を軽くしろと脳が命じるためと考えられています。

このように、鳥は水分を体内で循環させる高度なシステムをもっています。しかし、それでも呼気からも少しずつ水分が失われていきます。極端に水の摂取量が減ると、脱水症状にもなります。

ヒナでは特に注意が必要で、脱水症状も、食べ物がそ嚢に溜まったまま流れていかない「食滞（しょくたい）」の原因になると考えられています。

高い体温

最後に、鳥の体温のことにも少し触れておきましょう。

鳥は、41～43度という高い体温をもっています。それによって高い活動能力が維持されていますが、リスクもあります。高い体温は高い代謝の裏返しでもあり、特に小鳥の場合は、毎日しっかり食べ続けなくてはなりません。

また、生物としてもてる上限に近い体温であることから、さらに数度体温が上がると鳥は短時間で死に至ります。死ななくても、脳や内臓にダメージが残ります。体温が高いため、高い気温でも平気ということではなく、熱中症の危険は常にあるということです。

鳥は羽毛によって「保温」をしていますが、寒さに耐えることだけが保温ではなく、高い温度の外気の熱が体幹に届かないようにガードをする断熱を含めた保温をしていると考えてください。

高い気温は鳥にとって危険です。

鳥の心のこと

「人間だけが心をもつ」は、ただの思い込み

野生の動物だって腹を立てます。ゾウが仲間の死を悼むことも、よく知られています。心は、けっして人間だけのものではありません。

ともに暮らす鳥が、怒ったり、喜んだり、ワクワクしたり、大切な相手を失って意気消沈したりすることを、私たちは知っています。

鳥がどのようにして心や感情を進化させてきたのか、詳しいことはまだわかっていません。わかっているのは、人間が思っていた以上に豊かな感情を見せること。そして、飼育されている鳥では、一羽一羽のちがいがわかるほどに、はっきりと個性が見えること。

個性の幅が広いことは、ある特定の状況に置かれたときに見せる反応が鳥ごとに大きくちがっていることからもわかります。好奇心の強さ、臆病さ、怒りっぽさにも大きなちがいが見えます。

鳥が豊かな心をもつのは紛れもない事実です。そのため、鳥との暮らしにおいては、その心を尊重し、個性に合わせた暮らしを考えていかなくてはなりません。

また鳥には、自分とだれか（ほかの鳥）を比較する心もあります。自分がもっている権利が損なわれたと感じると、強い怒りをおぼえることもあります。

その際の反応にも「個性」が出ます。対象の相手や人間に強い怒りを向ける鳥がいます。無関係の第三者に八つ当たりをする鳥もいます。怒りを表に出すことができず、矛先が自分に向かう鳥もいます。その際は、自身を傷つける方向に向かう鳥がいる一方、「食べて気をまぎらわせる」などの代償行動を見せる鳥もいます。

野生では個性を縮小

こうした行動は、一部の鳥を除き、家庭の中だけで見られます。野生において、例外的にさまざまな感情の機微を見せてくれるもっ

とも身近な鳥はカラスです。

ケガで飛べなくなったなど、さまざまな理由から保護されて、人間のもとで暮らすカラスがいますが、その自己主張と好奇心は野生時よりもさらに強調され、人間の子供の行動と相似であると実感することもあります。気が向かないとやらない。だらだらしたいからダラダラするなど、とても人間的です。

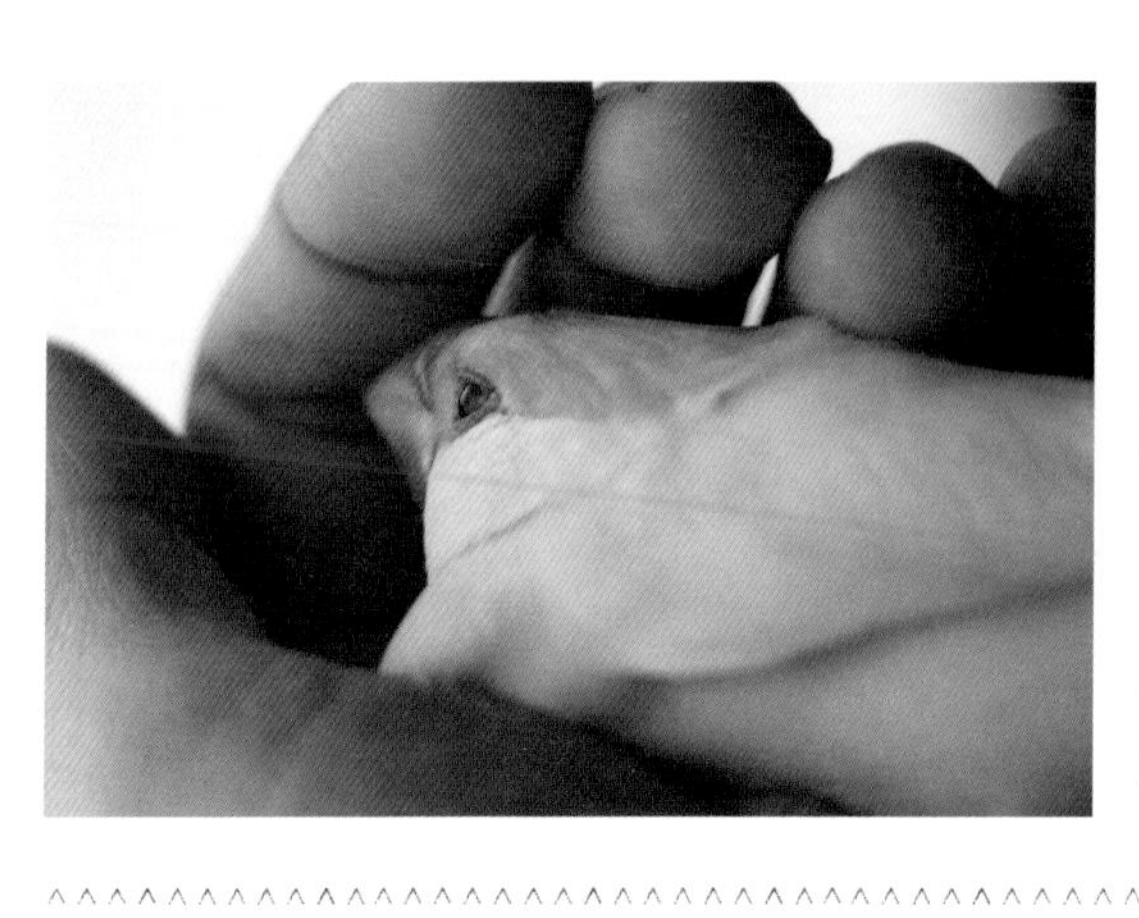

そんなカラスは例外で、縄張り争いをするオスどうしの対立を除けば、野生において、鳥に感情が見えることはほとんどありません。

死と常に隣り合わせの野生では、感情を表に出している余裕はありません。敵を警戒し、食べ物を探し、暑さ寒さや雨風に耐え、子孫を残すことに全集中が強いられるからです。

感情を表に出せるかどうかが、飼育下と野生の大きなちがいです。発達した鳥の脳には豊かな感情や知的な行動をする力をもつことのできる余裕が存在しますが、それは野生では発揮されません。それが、鳥が感情に乏しい、頭が悪いと思われてきた理由でした。

野生、飼育下で共通する孤独の不安

群れで暮らす鳥において、野生でも飼育下でも、おなじように感じていることがあります。それは、一羽でいることの不安です。目に見える範囲に仲間がいれば安心できますが、だれもいない環境では、強い不安を感じます。それはとても強いストレスです。

だれかがいれば、接近する敵がいても警戒音（声）を発して教えてくれます。それがない状況では、すべて自分で察して自分の命を護らなくてはなりません。それは、人間が想像する以上のストレスだと考えてください。

鳥と人が似ている点と、その理由

鳥の心は人間的？

怒ったり、喜んだり、期待したり。嬉しくて、ついつい踊ってしまったり。安心して眠り込んでしまったり。いっしょに遊ぼうと誘いかけてきたり。

日々の暮らしの中で、「ああ、この子は今、嬉しいんだな」とか、安心しているんだな」と思うことがあると思います。同居する人間が感じた、そのときの鳥たちの心は、おそらく感じたままです。

理解しようという気持ちをもった人間は、鳥の思いや感情を正しく受け止めています。

鳥の方も、人間が喜んでいたり、怒っていたりすることを知ることができます。一部の鳥は、人間の悲しみまで察して、寄り添ってくれたりもします。かと思えば、人間が怒っていることを知ったうえで、あえてその感情を無視することがあるのも、よく知られたとおりです。

人間とともに暮らす鳥は、人間の感情を読み、理解することができます。学習能力の高い鳥は、人間が純粋に嬉しいと感じているときや自分の行動を喜んでくれたときに、より多く声をかけてもらえたり、なでてもらえたり、食べ物をもらえたりすることをおぼえ、さらに喜ばせようとしたりもします。そうすることで、自分にとってのメリットが増えることを理解、学習する力ももっています。

鳥が人間をたよる理由

前項でも触れましたが、鳥は臆病で、群れから完全に切り離されると、強い孤独感をおぼえます。それは人間もおなじです。社会から完全に切り離され、孤立した環境に置かれると、多くの人間は強い不安をおぼえ、生きていくこと自体、困難になることさえあります。

鳥も人間も、ともに群れで暮らす生き物であり、祖先の時代から数えると数千万年も捕食者である敵を恐れ、警戒しながら生きてきました。

弱い生き物である両者は、群れでいることで安全を確保しようとしました。大きな群れでいれば、敵（捕食者）が忍び寄ってきても、だれかが気づいて逃げることができます。また、大勢のほうが食べ物や水場を見つけやすくなります。

仲間がいて、声をかけあうことができ、直にふれあうことができる。相手の体温を感じられることは、強い安心感をもたらします。

完全にひとりぼっちであっても、そこにイヌが一匹いるだけで、人間は安堵します。心が少し満たされます。鳥もそうで、自分一羽しか鳥がいなかったとしても、愛情を向けてくれる人間がそこにいることで、強い安心感をもちます。

鳥の心には、よい意味で「いいかげん」なところがあり、それが生きる強さにもなっています。本当は見える範囲に同種の仲間が複数いてほしい。でも、それが叶わないなら、別種の鳥でもいい。複数羽がいないなら、一羽いてくれるだけでもいい。それもかなわないなら、人間でも妥協する。そうした思考がもてることも、鳥の強さなのかもしれません。

思った以上に心が近い理由

鳥と人が似ているとおたがいに感じる理由は、両者のコミュニケーション方法と進化してきた過程を見ると理解がしやすくなります。

人間も鳥も、進化の過程で目と耳で状況を判断し、「声」で相手に警戒を伝えたり、食料が見つかったことを伝えたりもしました。

人間は、ほかの哺乳類のように鼻を使って敵や獲物の位置を探ったりできず、目を使って敵や食べ物を探しています。人間の五感の使い方は哺乳類の本道ではなく、鳥に近い状況にあります。進化の過程で人間の祖先は、鳥に近づく方向に舵を切ったからです。

羽毛と翼を得た小型の肉食恐竜は樹上に上がり、そこで「鳥」へと進化しました。食べ物探しは、これまで以上に目を使うようになりました。祖先からずっとフルカラーの視覚を維持し続けた鳥は、果実の色の変化で、食べられる時期かどうかの判断が可能です。また、群れの仲間の声も重要な情報になります。

先に食べ物を見つけ、実際に食べてみた仲間を見て、そこに食べ物があることと食べられることを知ります。仲間の位置や状況は、発せられる声からもわかります。

食べ物を見つけられた歓喜の声や、敵が見えたときに発せられる警戒音など、日常的にさまざまな声を聞いています。営巣の時期には、だれかがだれかに（オス→メス）自己をアピールする声なども聞こえています。

群れが少し散らばるようにして

声やさえずりで愛を伝え、自己をアピールするのはスズメ目の鳥と人間の特権です。

食べ物探しをしたなら、先に見つけただれかが、声や挙動でその場所を教えてくれます。それが鳥の群れが維持されるしくみのひとつとなりました。

さぁ、食べ物を探しに行こう。危険！　敵！　好き。

鳥は挙動と声を使って相手に伝えます。見える場所にいる相手は、全身のしぐさから主張がわかります。見えなくても声が聞こえれば、相手の状況や心理がわかります。

人間のもとにやってきた鳥も、この力を使っています。よく知っている人間なら、見えない場所にいても聞こえてくる音でなにをしているのか悟ることができます。音を聞いて安心したり、警戒したりします。人間も、相手になにかを伝えようとするとき、声やジェスチャーを使います。そのすべてを理解できないまでも、人間がなにをしているのかは鳥たちにはよくわかります。

異性を惹きつける目的もあって、さらに声を発達させた鳥たちは、魅力的な声が「武器」であることを知り、特にスズメ目の鳥たちは自身の声を鍛えあげる努力をするようになりました。最初の手本は自身の父親です。幸いなことに、発達した鳥の脳は、他者の声を完全に記憶し、それをなぞるように練習して、歌・さえずりを完璧にコピーできます。

そんな鳥たち。人間の家にきたときから、人間が自分たちとおなじように声をつかって情報交換をしていることを悟ります。

それは、人間が完全に異質な存在ではないと知ることにつながり、鳥にとっての安心材料のひとつになります。

人間の祖先は鳥とおなじ道を辿って進化

鳥をまねようと意図したわけではないものの、人間を含む霊長類の祖先もまた、鳥とおなじように樹上で進化しました。

結果的におなじような身体能力とコミュニケーション能力を身につけたことがわかっています。

ほかの哺乳類のように匂いで食べ物を見つけたり、食べられるかどうか判断することが困難になったので、霊長類の祖先は、一度捨てたフルカラーの視覚を取り戻しました。といっても鳥やカエルや魚と比べても不完全で、彼らほど鮮やかに世界を見ることはできていませんが――。それでも、イヌやネコとはちがって、鳥たちが見ている世界に近い色で世界を見ることはできるようになりました。

それぞれが樹上という離れた場所にいることから、たがいに声をかけることが重要になり、その後、地上に降りた人間の祖先たちは「言葉」を身につけ、言葉によるコミュニケーションをするようになりました。

「飛ぶ」ことの重要性

鳥は「飛ぶ」生き物

鳥は空を飛ぶ生き物。

飛ぶ姿、その能力は、何千年も前から人類の憧れでした。翼自体も。

「空を飛ぶ」というのは、翼をもって生まれてきた鳥の存在の根幹に関わる能力であり、彼らのアイデンティティと強く結びついた能力でもあります。

人間の都合や勝手な思惑、早計な判断で、それを奪うことは、けっしてよいことではないと考えています。

飛ぶことが自然

ダチョウなどの走鳥類や、ヤンバルクイナなど、翼の退化した一部の鳥を除いて、鳥は基本的に空を飛びます。

ニワトリだって数メートルの高さの木に羽ばたいて飛び上がったり、それなりの距離を飛んだりもします。おなじキジ目で、あまり飛ぶイメージをもたれていないウズラでさえ、日本国内のかなりの距離を飛んで移動していました。大型のツルやトキ、コウノトリには、長距離を飛ぶ能力があります。

現在、家庭で飼育されている鳥の大部分は、インコやオウムなどのほか、ブンチョウやキンカチョウを中心としたフィンチ類です。いずれも空を飛ぶ鳥です。

生まれながらに翼に問題を抱えていたり、がんなど命に関わる病気になり、生き続けてもらうために苦渋の決断で断翼したようなケースはしかたがありません。しかし、健康な鳥の風切羽を切って飛翔する能力を奪うことは、鳥にとってけっして歓迎できることではありません。

大型のインコなどと暮らしている場合、家の中を速度を上げて飛び、壁にぶつかるなどしてケガをしてしまう可能性を取り除くために風切羽の一部を切って（クリップして）、飛翔の速度を落とすことは必要かもしれません。

しかし、外に逃げないようにと、風切羽の大部分を切ってしまうのは、決してよいことではありません。それは鳥の心を傷つけるばかりか、健康と本来の寿命も奪う可能性があります。

クリッピングする理由

人間のもとで暮らす鳥の風切羽がクリップされるのは、おもに次の2つの理由からです。

1・外に逃がさないため
2・初フライトで上手く飛べなかったため

まず、1ですが、風切羽を切ってしまえば多少の不注意があっても鳥を外に逃がさない。そんな安易な考えから風切羽をクリップする事例があります。かつて、特に昭和の頃にそれを推奨するような考え方があったことに起因します。

しかし、完全に飛べなくなるのはかわいそうという理由から、大きくクリップはせず、飛翔力を残しておいた場合、外に飛んで出てしまうリスクはクリップしない鳥とほとんど変わりません。逆にクリップしたから逃げないだろうという油断が、鳥を逃がす結果になった例もありました。

続いて2の例。

人間の幼児も、歩き始めのとき、よく転びます。転ぶことで脳がバランスの取り方などを学習して、次第にスムーズに歩けるようになっていきます。

鳥もおなじです。初めから上手く飛べる鳥もいますが、思った方向に行けなかったり、曲がれなかったり、上手く地上に降りられないものもいます。それでも数日見守ると、下手に見えた鳥も短期間で飛行のコツをおぼえて、スムーズに飛べるようになります。

それにもかかわらず、「この子は飛ぶのが下手!」と決めつけ、「安全のために風切羽を切らなくちゃ」と、短絡的に切られてしまうこともあります。それは、その鳥の未来を奪う行為です。

　なお、飛べなくすると人間に懐きやすくなるという昭和的な考えのもと、風切羽を切ったヒナを販売しているショップもあります。


鳥も人の幼児も、最初は下手くそ。でも、ちゃんと飛べると信じて、あたたかく見守ってほしいです

クリッピングによって生じる弊害

　鳥の代謝系は、「飛ぶ」という運動をすることを前提にしています。飛ばない鳥は運動が不足し、エネルギー消費がより少なくなって太りやすくなります。

　幼い頃に風切羽をクリップされ、脳が飛行を上手く学習できなかった鳥は、飛ぶのが下手です。大人になってきれいに風切羽がそろったとき、パニックになるなどした際に制動のタイミングを誤って壁や窓に激突、ケガ、ということもありえます。これも弊害です。

　そうした鳥は飛ぶことが苦手と自身の心にも刷り込まれてしまっているため、そうでない鳥と比べて消極的であり、興味をもつ対象の幅も狭まる傾向があります。悪循環です。

　また、そうした鳥に好きなだけ食べ物を与えていると、かなりの確率で太ります。肥満はさまざまな病気の原因となることから、本来の寿命の前に、成人病的な病気によって死に至る可能性が大きくなります。つまり、短命のリスクまでも負っていることになります。

コラム

古い飼育書の問題点

最新の情報を集めてください

鳥の臨床に関する情報が日々増えていることもあり、飼育情報の更新サイクルもとても早くなっています。しかし、まちがいと判明している情報もまだ残り続けていて、それを信じる人もいます。新たなスタンダードとなる飼育書の登場が待たれます。

鳥の肛門からヒマシ油？

たとえば、昭和35年に刊行されたある飼育書には、卵詰まりの鳥の対処法として、紙でつくったコヨリか筆の先をオリーブオイルかヒマシ油、ゴマ油に浸したのち、総排泄孔から二、三度挿し入れると卵が出てくるとか、当時の和式のトイレにケージごと置くと、アンモニア臭が刺激となって卵が出てくるなどの記述がありました。

実際には、総排泄孔からなにか挿し入れても、卵が詰まっている場所には届きません。また、トイレに置くというのは、江戸時代の鳥の飼育書にあった内容で、こちらも明確な根拠はありません。なんらかの刺激となって、それで産卵をした例も実際にあったのかもしれませんが、推奨はできない方法です。

なお、前者のやり方については、昭和はもちろん、平成になっても一部の飼育書には継続した記載がありました。鳥を専門とする獣医師は、誤った情報に流されないよう警告しています。

産卵しようと気張る母鳥。

chapter

4

生き物は「食べ物」によってつくられる

鳥を長生きさせる食事とは

生きるために食事は不可欠

食べ物は体をつくる素材であり、体を動かすエネルギー源でもあります。

鳥は一般に基礎代謝が高く、毎日一定量の食事を取り続けることで、生命と高い体温を維持しています。

食べることはもちろん大切なことですが、健康的で、よりよい鳥生を送らせるためには、ただ与えるのではなく、食事の内容もしっかりしたものである必要があります。病気への罹患（りかん）のしやすさも食事内容と無関係ではないからです。

食事の内容は、その鳥がどんな生涯を送り、それがどう終わるのかということにおいても、大きな影響を与えるものであると考えてください。

食事において重要なことは、鳥も人間もまったく変わりません。長生きという点についても同様です。ポイントは次のとおりです。

○適量であること
○よい栄養バランスであること
○鳥に有害なものを知り、そうしたものを与えないこと

この3点がしっかり維持されたなら、短命になる食事のリスクを低く抑えることができます。

「鳥に対する有害物」については、本章でも少し紹介しますが、飼い主が別途、しっかり調べ、知識としてもっておいてください。

その鳥が体重を維持できる食事の量をあらかじめ知っておくと、体重のコントロールがしやすくなります。

食べすぎない（与えすぎない）こと

日々の放鳥は鳥の健康維持においてとても重要ですが、家庭内の放鳥で消費できるエネルギーは食事から得られるエネルギーに比べてごくわずかなため、食事は必要な分だけ与えることが大切です。

毎食おかわりをしたり、大盛りのご飯にこだわる人は、肥満が進みます。限度を超えた肥満が長期に及ぶと重篤な病気になる可能性が高くなると人間でも指摘されていますが、鳥は人間よりも太りやすく、肥満の状態が続くと、人間の数分の一という驚くほどの短期間で体を蝕んでいきます。

食べすぎにならない適度な食事の量がとても重要ということです。

栄養バランスに気をつかうこと

炭水化物、タンパク質、脂肪。カルシウムやヨードなどのミネラル類。各種ビタミン類。ビタミンD_3の合成のためには、日光浴も欠かせません。

食事としてペレットを与えている場合、栄養バランスは、ほぼ気にする必要はありませんが、逆に、追加でビタミンサプリを与えた場合など、一部の栄養が過剰になる可能性があります。この点についても、しっかり知識をもって与え方を理解しておいてください。

タンパク質は筋肉や羽毛をつくる基本の素材ですが、種子類のみ与えられている鳥ではタンパク質が圧倒的に不足します。種子の中の含有量が少ないからです。種子中心の食事の場合、サプリ的にタンパク質を添加して食事内容を整える必要があります。

また、ニガーシードなど脂肪分を多く含んだ種子を多めに与えていると脂肪過多になり、肥満を呼ぶことになります。こうした点についても飼育者は、しっかり学び、理解しておく必要があります。

ペレットという選択肢

ペレットが推奨されています

ヒナに与えるパウダーフードとともに、ペレットもすでに世の中に広く浸透し、鳥の飼育現場ではあたりまえのものとなりました。

90年代後半にあった、「鳥には、シードとペレットのどちらがいいのか?」という議論が懐かしくなるほどです。

ペレットは、鳥の体に必要な栄養素のバランスを考えてつくられた完全食です。日本でよく利用されるようになって、約20年。アメリカを中心に多くの利用者がいることもあり、販売が始まった当初より品質も向上しています。今後は、国産メーカーのペレットが増え、現在よりもさらに選択肢が広がることを願っています。

ペレットのメリット

ペレットのメリットは、

・総合食品で栄養バランスがよく、ほかにカルシウムやビタミンなどを与える必要がない。

・消化がよく、胃腸が弱った病鳥や老鳥にも安心して食べさせることができる。

・少しずつ種類が増え、鳥の好みや体調に合わせた選択も可能になってきた。

という点にあります。

ことに老鳥においては、老いた胃腸への負担の少ないペレットを与えることが推奨されています。

ただし、老鳥になってから、あるいは食が細ってきてからペレットに切り替えることはきわめて困難なため、若い時点から食べられるようにするか、完全にペレット

に切り替えておくようにと、鳥を診る獣医師は指導しています。

ペレットのデメリットとして挙げられるのが、次の点です。

・毎日、おなじものだけを食べることになり、食生活が単調になる。食の楽しみが減る。

鳥にとって、それがどんな生活なのか想像するのは難しいのですが、もしかしたら本当に、「単調で、つまらない」と感じているかもしれません。

人間とおなじように、鳥にとっても食事は大きな楽しみであることから、鳥の心を深く理解し、よりよい暮らしをさせていこうという時代において、「食べる楽しみ」を奪ってもいいのか、という声は確かにあります。

とはいえ、日本人が毎日お米を食べていても飽きないように、生まれてからずっとペレットだけ食べてきた鳥にとって、それはもうふつうの食事であり、特に気にするような問題ではないのかもしれません。

最終的には飼育者ごとの選択になりますが、妥協点を探る動きもあります。たとえば、食事の中心はペレットにするものの、過食にならない範囲で、ときどき粟穂を与えるなど、シード類も少量食べさせて変化をつけるというもの。

また、ペレットといってもさまざまで、最近は粒の大きさに何段階かの変化をつけたり、食感を変えたり、パウダー状のものがつくられたりしています。

そうしたペレットを複数用意して、まず鳥の好き嫌いを確認します。味のちがいを感じるのか、鳥はペレットに対してもはっきりとした好みを見せ、なんでも食べる鳥であっても、食いつきには多少のちがいが見られます。メーカーと粒の大きさによって、食べるペースも変わってきます。

ときには、手に入るペレットの中の、よく食べるもの、大好きなものをミックスして与え、変化を出すのもありかもしれません。

与えるものを選ぶのは人間

種子か、ペレットか

食べるものを選ぶのは鳥といわれますが、実際には、人間がその家の鳥の食生活の方向性を決めています。

たとえば20世紀の後半くらいから鳥を飼っていて、そうした鳥たちが長生きをしている場合、そのまま種子食を継続し、新しい鳥を迎えた際も、以前から飼っている鳥と同様に種子類を与えるケースが多く見られます。その結果、日本の飼育鳥の種子率は依然、高い傾向が続いています。

逆に、最近になって鳥と暮らし始めた人は、種子にこだわる意識がなく、ペットショップや獣医師の勧めのまま、ペレットを与えている例が多いようです。

種子の場合の注意点

長寿という点に関しては、どちらを選んだからといって極端に寿命が短くなることはありません。ただし、種子食においては、不足する栄養素をしっかり補っているならば、という条件がつきます。

老鳥の胃腸にはペレットの方がやさしいとわかってはいますが、生涯ずっと種子類だけを食べ続けて、その種の平均寿命よりもずっと長く生きている鳥もいます。

種子食のいちばんの問題は、種子類だけではタンパク質が不足してしまう点にあります。補う方法としては、鳥に与える種子にまぶすかたちでタンパク質を添加すること。タンパク質を多く含む粉末を鳥の専門病院で処方、販売していますので、それを購入して与えるというやり方があります。

ちなみに筆者宅の鳥は種子食で、この方法を採用しています。

栄養が不足していたのは、ヒナに与える食事も同様でした。

かつてはアワを卵黄でコートしたいわゆる「粟玉(あわだま)」がヒナを育てる際の中心食材でしたが、現在はタンパク質がしっかり含まれ、よ

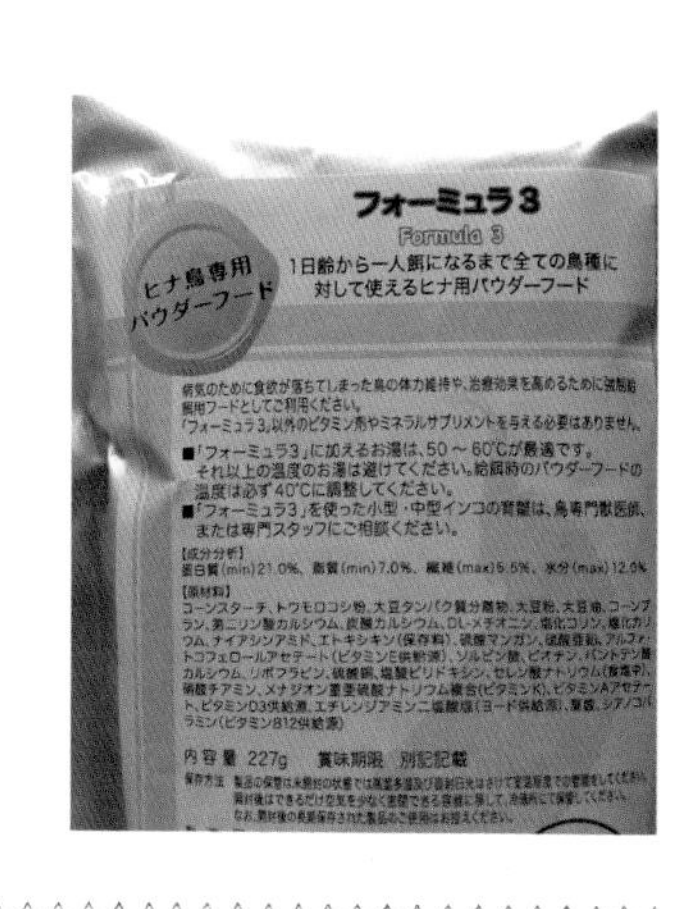

り栄養バランスが取れたヒナ用の完全食であるフォーミュラなどのパウダーフードで育てられる鳥が多くなっています。

ペレットを食べさせる方法

パウダーフードで育てられた鳥は、大人へのエサの切り替えの際にペレットを与え、「これがご飯」と認識させることでスムーズな移行が可能です。粟穂なども少し食べさせておいて、あくまでペレット中心の食生活をさせつつ、ときに種子も食べるという生活に馴染ませることもできます。

大きな問題に直面するのは、主として、長く種子を食べてきた鳥の主食をペレットに切り替えようとするときです。鳥はある意味、保守的でとても頑固です。ずっと種子食だった鳥に、いきなりペレットを食べてもらおうとしても、なかなか食べてくれません。

複数のメーカーのサイズの異なるペレットを小出しにして、どれか少しでも食べてくれたら……と、数日間、与えてみてもほとんど食べようとしないことも少なくありません。そうした際に、「あぁ、やっぱりこの子はペレットは食べない」と見切って、あっさり諦めてしまうケースが多々あります。

飼い主の心のどこかに「うちの鳥は種子でいい」という意識がある場合も多く、鳥の選択ではなく、そうした飼育者の心がペレットへの切り替えを失敗させるケースもあるように見受けられます。

時間をかけて、じっくり馴染ませて、忍耐強く待てば食べてくれる可能性もあります。目の前で人間がペレットをかじって見せるなどすると、「そうか。食べ物なのか」とあらためて認識して、食べてくれる例もあります。

砕いたペレットを「ふりかけ」のように種子類にかけるなどして、「この子はペレットは食べない」と諦めず、食べさせる努力は続けてみてください。いつか食べてくれる日が来るかもしれません。

コラム

人間の食べ物と健康

興味津々の鳥も

人間の家でヒナから育てられた鳥は、人間の食べ物にも興味津々。自分は鳥であるとわかっていても、「人間の食べ物も食べてみたい。自分にだって食べられる」と思い込むこともしばしばです。

人間の食べ物の多くが鳥の体にとって有害であることを知らない初心者を中心に、「食べたがっているから」とか、「人間が食べているものだから鳥が食べても大丈夫」と思い込むなどして、鳥に与え、「かわいいから見て！」と、その姿をインターネットにアップしてしまうこともあります。

そうしたケースでは即座に、「鳥にとって有害だから今すぐやめなさい！」という強い注意が入りますが、それでやめて、適切な鳥の食事について考え始める人がいる一方、否定されたことで怒り、SNSから去ってしまう方もときおり見かけます。

その後も、自宅の鳥に人間の食べ物を与え続けているとしたら、その鳥の将来がとても不安です。

重ねて書きますが、人間の食べ物の中には、チョコレートやアボカドのように鳥が食べると死んでしまうものもあります。食パンや菓子類など、ごくふつうの食材でも、塩分が多すぎたり、油分が多すぎたりするなど、鳥にとって不適切なものがたくさんあります。人間の食べ物は基本的に与えないでください。

一度食べて、それが美味しいものと認識してしまった鳥の中には、人間が食べているのを見て、「飼い主ばっかりずるいっ！」とストレスを溜めてしまうものもいます。それは、その鳥の暮らしにとってマイナスです。苛立ちやストレスの原因にもなりますし、人間の目を盗んで食べてしまうことさえあります。

鳥にとっての適量を与える

ここからいえるのは、健康診断を受けて骨格や筋肉量を確認してもらってはじめて、その鳥の適正体重がわかるということであり、その鳥の毎日の食事量を量り、体重変化を確認してはじめて、その鳥にとって必要な1日の食事量がわかるということです。

自身にとって必要な食事量を知っている鳥も多く、エサ入れの中にそれなりの量の種子類やペレットが入っていたとしても、必要分しか食べずに毎日の体重変動もあまりない例も多数あります。

下段に掲載したオカメインコは、とても小柄ではありましたが、生後1カ月で家に来てから20年間、ほとんど変わらず77グラムを維持し続けました。人間がなにもしなくても、ずっとおなじ量だけ食べていたという例です。

必要食事量の量り方とダイエット法

問題は、放置するといくらでも食べて太るケースです。そうした

まず適量を知る

鳥は種ごとにだいたいの体重が決まっていますが、個体差も大きく、たとえば90〜100グラムが平均とされるオカメインコでさえ、生後ずっと75グラムで問題がなかったり、がっしりとした体格の鳥の場合、108グラムでも「適正体重」と判断されたりします。

1日に必要なカロリー（食べ物の量）も個体ごとに大きくちがい、77グラムの鳥と108グラムの鳥の1日に必要な食事量がおなじ、ということさえあります。

鳥については、現在の体重を測定し、次いで毎日、何グラム食べているかを測定します。

まず、朝、エサ入れの箱の重さを量ります。その鳥が眠りについた夜、もしくは翌朝、エサ入れを再度、量ります。差分がその日食べた食べ物の量です。数日測定して平均を取ります。

1日に食べている量がわかれば、その量以下しか与えなければ鳥の体重は下がってきます。太りすぎの個体を痩せさせる方法は、鳥の場合、食事制限しかありません。

なお、ダイエットさせる場合は鳥が専門の獣医師の指示に従ってください。相談すると、「3日で1グラム減らすくらいの食事量にしてみてください」など、その鳥に合わせた指示が出るはずです。

適量の食事で肥満を防ぐ

1日に必要な量を与えると体重の維持ができます。適正体重まで戻してその状態を維持していけば、その鳥が本来もつ寿命まで生かしてあげられる可能性が増えます。

さらに、怪我や事故を防ぎ、病気をつくらない、家に持ち込まない暮らしを続けることで、長生きができる保証が大きくなります。

しかしそれでは、食べすぎていたことに対する根本的な解決になっていないこともあります。

太る鳥は、とにかく食べることが好きだったり、目の前に食べ物があるとついつい食べてしまうタイプもいます。

一方で、心に感じている寂しさや不安を埋めるようにそ嚢に食べ物を詰め込むタイプの鳥もいます。そうした鳥に対しては、心を満たすようなメンタルケアが必要になります。

なお、鳥が太る理由については本章の後半で、メンタルケアや長生きをしてもらうための心の維持については、次章にて解説をしていきます。

ボレー粉とカットルボーン、塩土

カルシウムのとり方

骨格や卵殻の材料となるカルシウムは、鳥にとって不可欠で、もっとも重要なミネラルです。

鳥に与えるカルシウム・ミネラル源として、牡蠣殻を砕いた「ボレー粉」や、イカの甲を乾燥させた「カットルボーン（カトルボーン）」が販売されています。

ボレーは江戸時代から鳥に与えられていましたが、当時は食材ではなく「薬」という位置づけだったようです。

そんな長い歴史をもつボレー。好む鳥も多いのですが、もとが貝殻ということもあり、その固さが老いた鳥の胃腸には負担になると指摘され、最近はボレーよりもずっとやわらかく、カルシウムの吸収効率もよいカットルボーンが推奨されています。もともとボレーは、カルシウム源としてよりも、筋胃の中で食べ物の擦り潰しを助けるグリッド材として使われる率が高かったようです。

いずれにしてもカルシウムを含む食材は、種子食の鳥には不可欠なものであり、与えないという選択肢はありません。メリット、デメリットを考え、上手く使い分けていきたいものです。

なお、ボレーを与える際は、よく洗って熱湯・天日消毒をしてください。市販のものはかなり汚れていて、そのままでは不衛生です。

かつては盛んに与えられていた塩土は、実はあまり必要ではなく、逆に胃腸への負担など、悪影響の方が大きいと考えられていて、最近ではあまり使われなくなっています。

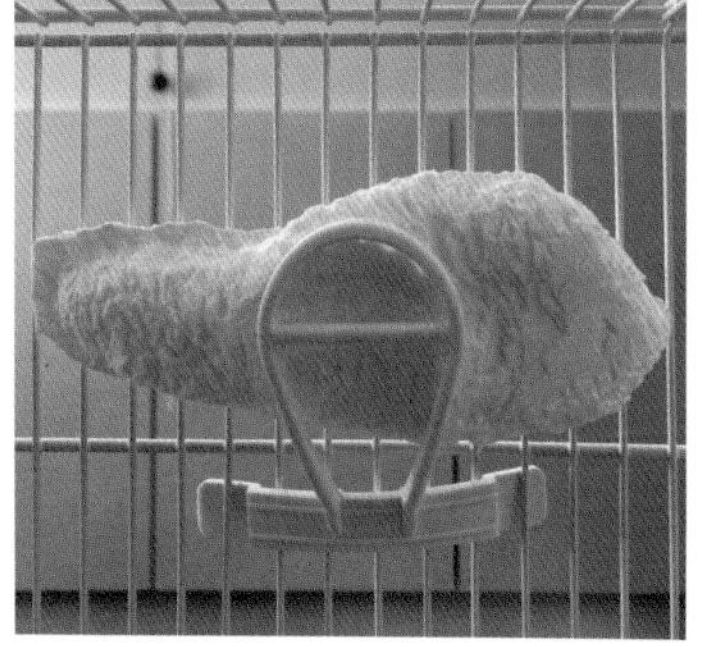

カットルボーン（カトルボーン）。ボレーよりも胃にやさしいと推奨されています。

過食の原因

飼育者の認識の不足

ともに暮らす鳥が必要以上に食べてしまうことについて、危機感をもっている飼い主は多くはありません。太ったことも、あまり気にされないことが多いようです。

空を飛ぶ鳥は、骨格構造のせいもあって、本来の体重の何倍にも太るということはまずありません。少し飛びにくくはなるものの、太ったせいで飛べなくなることもほとんどありません。そうした事実が、飼い主の意識を高めない方向に作用しているように見えます。

鳥が過食して太る第一の理由がここ、「飼い主があまり気にしない、肥満が鳥になにをもたらすのか知らない」という点にあります。

もちろん鳥自身も、自分の体重を気にしたりはしません。

肥満が大きな鳥の短命要因

肥満は単独では即時の死因にはなりません。だからこそ、警戒がゆるいともいえます。しかし、肥満は多くの病気と結びつき、死へと向かう確率を確実に高めます。

肥満は鳥が天寿をまっとうできなくなるとても大きな要因であるという認識が、飼い主のあいだにもっと広く浸透していく必要があると考えています。

鳥が肥満になる原因としては、次のような理由を挙げることができます。

（1）病気あるいは遺伝による低代謝
（2）老化による代謝の低下
（3）食べすぎ
（4）高カロリーの食べ物が多い食事

ほかの鳥の半分の食事量で体重が維持できるのに、ほかの鳥とおなじだけ食べて太るのが（1）のケースです。（2）は、いうなれば「中年太り」。鳥も年齢が上がると、ある時期から代謝が下がってきます。それでも若い頃のように食べ続けると太る、ということです。

ここで挙げた4点の中でもっとも大きく影響するのが、（3）のケース、食べすぎです。

鳥が過食する理由

鳥が食べすぎるおもな理由の一覧を、以下に掲載しました。

食べすぎる理由には、人間が原因のものと、その鳥自身の行動の問題があります。しかし、よくよく考えると、鳥自身にあるとされる理由の中にも、人間がそういう状態にしてしまったものが多いことに気づくと思います。

1、2、4の理由をつくってしまったのは人間です。

人間の生活時間に沿ってずっと灯がつき、ケージを暗くするカバーもかけられなければ、ついつい食べてしまうのもしかたがありません。

加えて、「脂肪分の多いエサを与えられている」ことで太ってしまった場合、それは完全に人間の責任です。

【食べすぎる理由】

1 いつも目の前にエサがある
2 起きている時間が長いため、つい多く食べてしまう
3 食べることが楽しい
4 食べること以外に楽しみがない
5 「食べなさい」という脳からの信号が止まらない
6 ストレスなどにより、過食になっている
（自分でも止められない）
7 隣のケージによく食べる鳥がいる
8 人間の食事シーンをよく見かける環境にいる

心の問題で過食になる鳥も

エサ入れになみなみと食べるものがあっても、自分の体が必要とする分しか食べない鳥と、必要以上に食べる鳥がいます。

後者の中には、心に問題を抱え、それで過食に走るケースもあります。

たとえば、かまってくれる人間も、声をかけあえる同種や異種の鳥も部屋にいなくて、遊べるものもない。なにもすることがない。寂しいし、退屈。ほかにしようがないので、食べることで退屈をま

ぎらわす。あるいは、食べることで心の隙間を埋める。さまざまなストレスを抱えていて、それを紛らわすために食べる。

人間にありがちな心理ですが、心に人間と相似する部分をもつ鳥においても、おなじような心理から、おなじような行動が見られます。ブンチョウやカナリアなどのフィンチ類はあまり多くないものの、インコではこうした状況にある鳥を少なからず見ます。

隣のケージの鳥が病気などで食が細くなり、飼い主がなんとか体重を戻そうと一生懸命、食べることを促したり、特別な食べ物を与えているのを見て、自分はそんなふうに接してもらえないのがおもしろくない、自分には特別ななにかをくれなかった。おもしろくない。だから食べる、という鳥もいます。食欲が戻った隣の鳥を見て、隣が食べているから自分も食べようと思う鳥もいます。

人間がなにか食べてみせたり、隣のケージでほかの鳥が食べている姿を見せるというのは、食欲の落ちた鳥にエサを食べてもらうとても有効な手段ですが、もともと食欲旺盛な鳥が療養中の隣の鳥を見て過食に走る例も多く見られます。

太らせないためには、接し方を工夫するなどして、鳥のメンタルを安定させることも重要です。

いずれにしても、「鳥が太ることは寿命を縮めること」と心に刻んで生活をさせてください。

口にする可能性のある危険物を把握しておく

鳥が食べて起こる事故

2章で、家庭内で起こる事故について解説をしました。事故はさまざまなものがありますが、その中に「誤食」「誤飲」も付け加えておかなくてはなりません。

小さなペレットサイズのビーズ、スクラッチの削りカス、小金属片、紐状おもちゃの繊維片、セーターなどの毛玉、たばこ、人間の薬。そんなものを飲み込む事故が実際にあります。

飲み込んだものがまだ、そ嚢に留まっている場合、手術で取り出すことも可能です。しかし、胃腸まで進み、消化管のどこかを詰まらせてしまった場合には、かなり厳しい状況になります。

ですので、放鳥時には必ず、鳥が飲み込めるサイズの小さなものが、床やテーブル上にないことを確認してから出してください。

おもちゃ類のうち、木や紙製のものはたとえ飲み込んだとしても、大抵は排出されます。本やチラシを齧っても基本的には大丈夫です。ただし海外産の付箋など、水に触れると濃く色が染みだすものは鳥にとって有害な物質を含んでいる可能性があるため避けてください。

問題は紐、布などの繊維です。鳥によっては、紐状のおもちゃで遊んでいるうちに、その繊維を飲み込んでしまうことがあります。飼い主の肩にじっと止まっているタイプの鳥では、セーターなどの繊維やそこについた毛玉をちぎって飲み込んだ例もありました。

そうした事故の場合、飼い主には対処ができませんので、急ぎ病院に搬送してください。

鳥には安全なものだけを!

鳥が口にする可能性のある毒物

鉛や亜鉛などの金属を食べたり舐めたりして起こる死亡事故もあります。釣りの錘、カーテンの重し、ステンドグラスなどに鉛が使われています。スズや亜鉛がメッキされた家具などを舐めて中毒になったケースもあります。絵の具や塗料には、カドミウムが含まれているものがあります。

金属の中毒については、キレート剤の投与など、有効な治療手段があります。口にしたのが、その鳥の体が耐えきれる量であれば、病院での対処で命は助かります。

鉛などは血中にも溶け込んで全身をめぐりますので、金属が体内にあるあいだ、鳥は中毒症状でかなり苦しみますが、回復すると多くはそれを忘れます。

学習せず、またおなじものを口にして病院に搬送される例もあります。鉛は鳥が美味しく感じられる味のようだという指摘もあります。しかし、極めて毒性の高いものなので、絶対に口にしないように細心の注意をお願いします。

鳥に食べさせてはいけない食物

厳禁なのがチョコレートとアボカドです。これらは少量でも鳥を殺します。チョコレートに含まれているカフェインやテオブロミンが中枢神経や循環器に障害を起こします。アボカドに含まれているペルシンという物質は呼吸器障害や循環器障害を起こします。鳥が舐めたり齧ったりするような場所には絶対に置かないでください。

日常的に人間が食べているものの中で特に危険なのが、アルコール類と塩です。透明な日本酒を舐めたり飲んだりする事故も報告されています。塩は、鳥が口にするものにも微量が含まれていますが、大量摂取した場合、死に至る可能性もあります。食塩を舐めたりすることはもちろん、人間の食べ物も与えないようにしてください。

チョコレートやアボカドは鳥を殺します。観葉植物にも有害なものが多いので、かじらせないでください。

食事と日光浴はセットで

日光は補助食品

鳥は、太陽から届く紫外線の中のUVB（280～315nm）を使って、ビタミンD_3を合成しています。これも鳥の体には不可欠な栄養素であり、基本的には日光浴を通してビタミンD_3を合成し、体内に採り入れます。ずっと家の中だけで過ごさせ、陽の光を浴びることのない鳥は、短命のリスクを負うと思ってください。

ただ紫外線は、ベランダからの照り返しなどでも部屋に入ってきます。そのため、気温の高い夏場は直射日光に当てず、風の通る窓際にケージを置いておくだけでも、鳥は十分な紫外線を浴びることができます。

冬場は高齢鳥や病鳥などを外に出すことは難しく、どうしても紫外線不足になりがちです。そうした時期は「紫外線ライト」も上手く活用して、ビタミンD_3の合成をさせてください。

なお、ライトは必ず「鳥用」を使用してください。ニーズの多さから爬虫類用が安く、種類も多く売られていますが、UVBの成分を増やしているものがほとんどであり、そうしたライトは鳥には有害です。目を痛め、白内障になるケースもあるため、爬虫類用の紫外線ライトは使わないでください。

鳥が健康に暮らしていくためには食べ物をしっかり吟味することが重要ですが、紫外線もその一端、いうなれば「補助食品」であると考えてください。

日光もまた、鳥が生きていく上で不可欠のものです。

食べない状況は危険と認識

食べない理由、食べられない理由

それまでふつうに食事をしていた鳥が、急に食欲を落とし、ほとんど食べられなくなった場合、そこには必ず理由があります。食べているはずなのに体重が落ちてくる場合も同様です。

多くは病気と関係しています。有害物を口にしたかもしれません。

急いで原因を調べ、対処しなくてはいけないものが多く、なかには病院に緊急搬送しないと命の危険があるものもあります。いずれにしても、早期の対応が死から守り、早期の回復につながります。

胃腸の機能が低下すると、食べたくても食べられなくなります。食べ吐き気が出ることもあります。肝機能が落ちると、食欲自体が減退します。一見ふつうでも、がんなどで腹水が溜まり、食べられなくなっていることもありえます。

喉の奥に炎症があり、食べ物を飲み込むと強い痛みを感じるため、しばらく食べなかったという例もあります。抗生物質の投与ですぐに快癒する軽症の例ですが、飼い主がなにも対処しないと食べることができずに死に至る可能性もあります。

換羽の疲れが体に溜まって食欲が落ちることはよくあることです。それが毎年のことであるなら1日か2日、様子見も可能ですが、改善しない場合は、やはり獣医師の診察が必要になります。

食欲不振はぜったいに放置しない

食欲不振はけっして放置しないでください。おかしいと思ったら、すぐに専門の病院に！　2、3日食べないだけで、鳥は死ぬこともあります。対処があと1日早ければ助かったのに、体が臨界を超えてしまったので、今はまだ生きているけれど、このまま死んでいくのを見守るしかない、ということもあります。

ゆっくり体重が落ちていく場合、

その種、その鳥の生存限界体重を超えるまで生き続けることは可能です。的確な対処によって回復させられる可能性があるのなら、しっかり看護して、早期に本来の体重に戻すことを目指したいところです。

体重はまだ十分にあったとしても、丸3日もなにも食べられないと、筋肉を分解して得られるエネルギーも限界を超えて、多くの鳥は死に至ります。早期の通院を勧めるのは、そうしたケースでも、入院して強制給餌を続けることで鳥の命をつなぎ、治療効果が出るまで体力を維持させられる可能性があるためです。

飼い主の声かけは励みにはなるものの、食べられないという問題の解決につながらないことも……。早めに治療の決断を!

分離不安から食べなくなる鳥も

インコの中には人間が家にいないあいだ、ほとんどなにも食べずに待っているものもいます。

そうした鳥では、数日に渡って家を空けると危険な状況に至ることもあります。だれか信頼のおける友人に家に来てもらい、ケージのそばでなにか食べてもらうだけでも、状況は大きく改善しますので、可能な方法を模索してください。

食欲が落ちているときに食べさせる方法

病気とは無関係に食欲が落ちているケースや、病気からの回復期に少しでも多く食べて、早く元の体重に戻したいとき、隣に鳥がいて食べる姿を見せてくれると、つられて食べてくれることがあります。飼い主がケージの前で食事をしたり間食をしたりすることも、同様の効果を期待できます。

インコ中心の本ですが、食べない鳥に食べさせる方法を『インコの食事と健康がわかる本』に掲載してあります。こちらも機会があれば読んでみてください。

コラム

強制給餌

重要な医療手段です

鳥も病気ほか、なんらかの理由で自力でエサが食べられなくなることがあります。鳥は数日、食事ができないだけで死んでしまうため、その際は、チューブ等を使って強制的にパウダーフードをそ嚢に流し込む「強制給餌（きゅうじ）」が行われることになります。

事故などでクチバシを欠損してしまった鳥には、この方法以外に命をつなぐ手段がありません。それでもクチバシ以外はどこも問題がない鳥では、給餌により何年も健康に過ごしている例があります。

病気やケガの場合、強制給餌によって体重を維持しているあいだに抗生物質などで病巣を叩き、症状を改善させて食事能力を取り戻すための治療が行われます。それができれば鳥は快方に向かいます。

やり方を教わり、自宅で給餌をされる方もいますが、多くは鳥の専門病院で行われます。強制給餌も鳥の体調回復のための重要な医療手段になっています。

強制給餌でつなぐ命

クチバシに問題のある鳥を除き、強制給餌は状況が改善するまでの一時的な処置として行われるケースがほとんどです。

その一方で、重篤な病気で、症状の改善する見込みは少ないとわかったうえで、延命のために給餌が行われるケースもあります。

最終的には、飼い主が鳥と自身の心と向き合い、この先どうするのか決めることになりますが、がんばってくれている鳥の姿から、一縷（いちる）の期待を胸に、できるかぎり続けるという選択をする方も多く見られます。

本鳥に生きる意思があるかぎり…

chapter

5

愛情とコミュニケーションが守る未来

人との暮らしの中で

鳥は異世界ファンタジーの主人公

鳥が人と暮らすということがどういうことなのか、視点を変えて考えてみましょう。あなたが幼い鳥に転生して、人の家に迎え入れられたという設定です。

その家の人間は鳥飼育の初心者ですが、あなたのことを気に入り、大切に育てようとします。その家にいる鳥はあなただけ。あなたに「長生きしてね」と囁きます。そして、飼育書のページをめくり、飼育の経験者に大事な点を教わるなどして必要な情報を集めます。

初飛行したとき、飛ぶのが下手なあなたは壁にぶつかって落ち、脳震盪を起こします。しばらくふらふらしましたが、家の人がずっとそばにいてくれたこと、優しくなでてくれたことをあなたは嬉しく感じ、より信頼するようになりました。

あなたは無事に大人の鳥に成長しました。あなたを迎えてくれた人はずっと変わることなく、毎日あなたに声をかけ、ケージから外に出して、たくさんなでてくれました。呼びかけると返事を返してくれたり、近くにきて顔を覗きこんでくれたりします。

あなたは20年以上に渡って満ち足りた時間を過ごしました。大好きな人間がそこにいてくれることが幸せでした。老衰で天に還ったあなたの鳥生には、生涯変わることない安心感がありました。

幸福な鳥生を送るために

人と鳥がともに幸せを感じられる暮らしの先には、おそらく両者がともに納得できる終末と長寿があります。そのためにも、鳥の心に寄り添う暮らしが大切です。

自分が鳥になったと考え、どんなふうに接してほしいのか、ときどき想像してみてください。近い心をもつ両者なので、そうすることで鳥の心に寄り添う大切なヒントが見つかるはずです。

仲間がいないストレス

仲間の存在が不可欠

　繰り返しますが、群れで暮らす鳥には同種の仲間が必要です。仲間がいないと不安です。継続する不安はストレスになり、その鳥の寿命を削っていきます。

　同種がいる空間で、その姿を見て、声を聞いて暮らすことが鳥が本当に望むことですが、それが叶わないとき、鳥は異種でもいいからそばにいてほしいと願います。性格的に合わなくても、いてくれるだけでいいと思います。それも叶わなかったら、人間でもいいからいてほしいと願います。次善の策ですが、それでもいないよりもずっとましで、なにがしかの安心感は得られます。

飼育者の意識がちがっていた昭和

　昭和の頃、「鳥は一羽で飼った方がよく馴れますよ」という言葉を小鳥屋などでよく聞きました。そして、ヒナが勧められました。

　ブンチョウやセキセイインコなど、スズメ目やインコ目の鳥は群れで暮らし、群れの中で安心する生き物で、群れから引き離されると強い不安と孤独に襲われます。

　かつては、そうした鳥の心理――弱みにつけ込んで、幼い鳥の心に自分だけがたよりだと信じ込ませる、いうなれば犯罪行為のようなやり方が推奨されていました。

　心も体も健全に保ち、よりよく生きることを目指すアニマルウェルネスの対極にある方法でした。

　表面的には、たしかに馴れます。しかし、その関係は対等ではありませんでした。このやり方では、本当の意味での心の交流はできず、幸福な生涯を送ることができた鳥は多くはなかったと思います。

　また、昭和の頃に飼育されていた鳥の寿命が極端に短かったのは、飼育技術の低さとともに、不安を抱いたまま、幸福を感じることなく暮らした鳥が多かったことも一因だったと推測しています。

結果として、単独でいるストレスは少なくなり、心が少しだけ平穏になります。

精神・心という面において、飼育される鳥にとっての理想的な暮らしは、「仲間がいないストレスが少なくなる暮らし」と考えてください。その先に「長寿」があることは証明されています。

孤独からくる不安を減らす方法として、ともに暮らす人間にできることは、鳥を増やす、接し方を変え、より安心して暮らせるようにする、などです。

スペースや家族が許すなら、その鳥にとって、ほかに鳥を増やすことがいちばんの薬なのですが、費用も確実に増えることから、難しいこともあるかもしれません。それでもどうか、可能な範囲できる方法を検討してみてください。

相手を幸せにしたいと思う気持ちで

鳥も、生まれたからには幸せに生きる権利があります。安心できる環境で、幸福に暮らすことで、種としてもっている寿命をまっとうすることができます。心が満ち足りていること、それが条件です。

そのためにも、鳥が感じる不安や寂しさをしっかりキャッチして、可能な範囲でそれを解消することが大事です。

不安な心理を利用して自分に隷属させるような鳥飼育は、すでに過去のもの。今は、鳥の心を知り、不安を取り除くことで信頼を得て、人間も鳥も豊かに暮らすことを目指す時代です。

それは、鳥の体のことや食生活にも関心をもって、健康的な暮らしをさせることへの大きな後押しになりました。

人間と暮らす鳥が天寿をまっとうできる可能性が高まってきたこの時代、家の鳥の心のためになにができるか自身に問うのも飼い主の役目と考えます。ともに平安なときを過ごし、ともに長寿でいられるためにも。

ジュウシマツ。昭和の飼い鳥の代表的な種でした。

大事な相手がいなくなるストレス

愛情深さゆえの落ち込み

飼育されている鳥の中にも、一度つがいになった相手と生涯添い遂げる種は多くいます。

そうした鳥では、病気や事故などでつがいの相手が亡くなると、元気がなくなり、「憔悴（しょうすい）」という言葉以外で表現できないほどの落ち込みを見せることもしばしば。

オス・メスのカップルだけでなく、幼い時期からたがいに心を預けるように仲よく暮らしてきたオスどうし、メスどうしでも、そうした状況になることがあります。

それは、人間に近い繊細な心をもっている証拠でもあります。

愛情で結ばれていた相手が亡くなって平気な鳥はいません。ただ、落ち込みからの回復が早い鳥はいます。まわりに、ほかにも鳥がいる環境ならば、そうした鳥はやがて立ち直り、昔の暮らしを取り戻していきます。

あとを追うように亡くなるケースも

一方で、ショックのあまり相手の死から立ち直れない鳥もいます。

体に力がなくなって憔悴が進み、エサを食べる気力さえ失って、ついには亡くなってしまうことさえあります。ゆっくり弱っていくケースのほか、数日後の朝に冷たくなっていたという突然の例もあります。

このように、後を追うように亡くなる鳥がいるということも知っておいてください。それもまた、鳥の心の繊細さゆえです。

よく馴れた鳥だったとしても、人間はいなくなった相手の代わりにはなりません。その相手と人間に対する心のウェイト、別の言い方をするなら、「存在のあり方」が大きくちがっているからです。

それでも飼い主は、心身ともに弱ってきた残された鳥に対し、あなたまでいなくならないでほしいと、言葉で強く訴えてください。日本語はわからないとしても、伝えたい気持ちは伝わります。

もしかしたら、それで命をつなぐかもしれません。願いかなわず、あとを追うように亡くなってしまうかもしれませんが、そうなってしまったときは、それは彼（彼女）の選択であり、運命だったのだと静かに受け入れてください。

相手が人間であっても

強く思いあっている相手が人間であることもあります。人間の片思いのように、一方的に強くその人を思い続ける鳥もいます。

人間も病気になって長く家を空けることもあれば、突然、あるいは老齢により亡くなってしまうこともあります。

結婚を機に鳥を置いて家を出てしまうケースもありますが、定期的に顔を見せることも多く、そうした相手については少しずつ不在の寂しさにも慣れていくようです。

問題は亡くなってしまった場合です。何年も、何十年もいっしょに暮らしてきた、つがいと認識していた相手ともう会えないと悟った鳥は、つがい相手を失った鳥とおなじ心理状況に陥ります。

鳥にとっては、愛した相手が同種なのか人間なのか、はたまた同性なのかは大きな問題ではなく、ただそこに強い「愛情」があったかどうかだけが大事だからです。

愛した人間を失って生きる気力をなくし、あとを追うように亡くなってしまう鳥も実際にいます。

高齢者が高齢鳥と暮らしている場合。スムーズに飼育を引き継げるように生前から後継者に慣らすなど、準備をしてから亡くなる方も増えていますが、それでも、大切な人の死に際し、自分もここまで……と決めたように心臓が止まってしまう鳥もいます。

鳥とはそうした生き物でもあることを認識したうえで、私たちは暮らしていかなくてはなりません。ただ、そんな死の迎え方を不幸と決めつけないでください。もしかしたら、その鳥にとっては、そうしたかたちの死が望んだ幸せのかたちだったのかもしれません。

途切れない愛の重要性

消えた愛情

ある瞬間を境に、関心をもっていた特定の対象から情熱が消え去ることが人間にはあります。

趣味にしていた「なにか」ならまだいいのですが、飼っていた生き物に対して興味を失うこともあり、捨てる、放置するだけでなく、虐待する、殺してしまうという行為に及ぶことさえあります。

鳥もほかの動物も、もういらない、もう飼う気がなくなったときは、愛情をもって飼育してくれるほかのだれかに譲渡してもらえるといいのですが……。とはいえ、なにかあれば譲渡すればいいという安易な気持ちで飼い始めることは避けてほしいと思います。

2つに大別

鳥の場合、家に連れてきて早々に、こんな生き物だと思わなかったとか、声が大きいとか、懐かないとか、基礎的な知識をもたずに飼おうとしたがための大きなギャップにぶつかり、飼育する気がなくなって飼育が放棄される事例が多数あります。

こうしたケースでは、家にいてほしくないという理由から、買った店などに戻されることも多く見られます。

もっとも、それでショップに戻されたり、別の人に譲られたことで、逆によい相手と巡り逢えるかもしれません。幸せに暮らせる可能性はまだまだあります。

問題は、何年かいっしょに暮らし、その期間は大きな愛情を鳥に注いでいたケースです。鳥と遊ぶことが楽しくて、最初の数年間は毎日放鳥し、声をかけ、なでてもいたものの、だんだん関心がなくなって放置することが増え、ある日、ほかに関心のあるものができた瞬間に完全に意識から消える。

殺すのも外に放つのも気が引けるので、かまうことはないものの、本人または家族がエサと水だけは毎日やっていた、など。

心変わりは虐待とおなじ

鳥は、楽しく過ごしていた時期のことをおぼえています。おぼえているからこそ、なぜ飼い主が自分に見向きもしなくなったのか、わかりません。

愛を注いでいた人間が、心変わりしたように鳥を無視するようになる——。それは実質的に虐待と変わりません。いえ、幸福を知っている鳥にとっては、ある意味、虐待されるよりも辛い状況です。

スキンシップが消え、呼びかけても返事がなくなり、世界から楽しみが消え……。やがて鳥は、過去にあったことのすべてがなくなってしまったことを悟ります。

しかし、心はなかなか、それを受け入れられません。

かまってほしいと叫びます。すると、今度はあからさまに敵意の目を向けられ、「うるさい」と怒鳴られるようにもなります。

おなじ状況に置かれた人間の心が壊れていくように、鳥の心も壊れていきます。最終的に鳥は精神から衰弱して死に至りますが、長生きする種で、さらに体が丈夫だった場合、心に苦痛を感じる時間が10年も20年も続く可能性があります。

それは、生きながら地獄をさまようような心理でしょう。だとしたら、病気になっての「死」だけが救いになるのかもしれません。

これは極端な例ですが、数年経った頃からあまり鳥に関心を向けなくなり、かまう時間が減る例は実際に多くあります。

できれば、そんな事態にならないように、変わらずに愛情を注ぎ続けてほしいと思います。完全に失われた愛情も、徐々に減っていく愛情も、鳥の心にダメージを残し、その寿命を削っていきます。

愛情の交換がずっと続くことを鳥たちは願っています。

鳥を長生きさせる満ち足りた暮らしとは？

鳥はめんどうな生き物

「めんどくさいやつ」と評価される人間がいます。対応が難しいとか、そういうイメージです。それと近い意味で、「鳥はめんどうくさい生き物である」といわれることがあります。

まず、豊かな感情をもっていること。そして、その感情をストレートに飼い主にぶつけてくること。叱られると腹が立つし、おもしろくないことがあっても腹を立てます。その結果、人やものやほかの鳥にやつあたりをしたりもします。

もちろん、個々の意思もあって、やりたいこと、やりたくないことがあり、その瞬間瞬間、やりたいと思ったことをためらいなく実行したりもします。

加えて、一羽一羽が、際立つ個性をもっています。親からの遺伝と幼い時期の育てられ方、その家でのそれまでの暮らしが性格形成に大きく関与します。哺乳類と同等かそれ以上に発達した脳が、そうした心をつくっています。

結果的に、人間がなにかをした際の反応も一羽一羽ちがうため、その鳥に合わせた指示をしたり、対応をしたりする必要があります。

つまり、「めんどくさい」やつらなわけです。とはいえ、それが人間を惹きつけてやまない鳥の魅力でもあるのですが。

鳥とつきあっていく際は、そうした相手であることを理解して暮らすことが重要です。それが、鳥の暮らしを向上させていきます。

かまってもらえないストレス

人間に育てられ、人間のもとで暮らしている鳥は、野生の鳥ではもちえないストレスももちます。

人間の生活スタイルや家庭環境に由来する「環境ストレス」もそうしたもののひとつですが、それ以外に、人間のもとで大きく花開く個性や個々の思いや感情に絡んだストレスが問題です。

たとえば、人間の都合で放鳥がなかったり、時間が短くなったり。人間が家にいないため、返事がほしくて声をかけても反応が返ってこなかったり。思ったようになでてもらえないなど、スキンシップが不足する例もあります。

ヒナから若鳥の時期、いわゆる「ものごころ」がつく前の育てられ方（甘やかし）によって、我慢が苦手な鳥がよりストレスを溜めるようになります。だからこそ、若い時期の育て方が問題になるわけです。

そうでなくても、人間のもとで育てられた鳥は、ほかの鳥と自分を比較して、本来ならば自分が優先されるべき（と思っている）ところで、ほかの鳥が優先されているところを見ると、心に怒りも沸いてきます。いまどきの言葉を使うなら、「ムカつく」です。

鳥には精神的な充足が必要

その主張がわがままかどうかは別として、飼育されている鳥には精神的な充足が必要です。

家の中で許される範囲でしたいことをして、その人生（鳥生）を謳歌すること、そして、愛されていると実感をもつこと。

可能であるならおなじ空間に仲間がいて、好きだったり嫌いだったり、嬉しかったりムカついたりしながらも、一定の関係をもって日々を暮らしていること。そういうふうに暮らせたなら、長生きへの道が見えてきます。

それが、メンタル面での短命化の要因を減らしている状態だと考えてください。

人生（鳥生）を精いっぱい楽しむことも長寿への道です。

愛情を伝えるコミュニケーション

コミュニケーションも重要

人に馴れた鳥が必要とするのが、見える場所、声や生活音が聞こえる場所に人がいてくれること――つまり存在感、そして愛情です。

声をかけること、なでること、たがいの体温を感じること。手で触れられることを極端に嫌う鳥もいますが、だからといって愛情がいらないわけではなく、自身にとって許容できる表現で伝えられることを期待しています。

天敵がすべて退けられると鳥たちが信じる人間の存在とその暮らしは、鳥の心に安心感を生みます。家庭において、大きな群れで暮らすのとおなじだけの安心を、多くの鳥は得ています。だからこそ、家の中でリラックスして食べ、遊んでいるわけです。

安心感という基盤の上で生活する鳥が、次に強く求めるのが人間から送られる愛情、特にスキンシップと声かけです。

甘えたいだけ甘える

ネコがそうであるように、人間のもとで鳥たちは、若鳥やヒナの気分のまま暮らすことができます。家庭では、野生ではありえない「甘えたいだけ甘える」ということが許されています。

鳥は、自分とほかの鳥の状況の比較ができるので、ほかの鳥が自分よりもよい目にあっているのを見て、それを許しがたく思うことがあります。自分よりも後に迎え

気が済むまで撫でてもらって満足する鳥も。

られた鳥が、自分よりも愛されているように見えたとき、躊躇なく相手を攻撃することさえあります。

人間の愛情はともに暮らす鳥たちに広く分配され、独り占めできるものでないとわかってはいます。それでも、目の前でだれかがなでられてうっとりしているのを見ることは、人間同様、鳥たちもまた別問題のようです。

だれかに当たったりしない場合も、気を鎮めるように、自分が満足するまで何十分も好きな人間にスキンシップを求めるケースがあります。

満ち足りた暮らしが心と体を安定させる

心が安定し、幸福感に満たされていることが、健康を保って長く生きるひとつの秘訣であると人間で証明されています。鳥もまったくおなじです。

愛されているという実感は、体内のストレス物質を減らし、活性酸素を減らします。結果として、老化を送らせる効果をもちます。人間が思っている以上に、愛された鳥の老化は遅くなっているのだろうと推察されます。

もちろん、どんな生き物も病気になることはあります。そうした病気がもとで亡くなることもあります。それでも、愛されているという実感は、病気になる確率を下げ、高齢になっても健康であった鳥は、平均的な鳥より、さらに長い時間を生きることになります。

ともに暮らす鳥の長寿を願うなら、「愛されている」という実感をもてるような暮らしをさせてあげてください。それが大きな力になります。

生活環境が変わると鳥は不安になります。そういう時期に人間は、忙しさのあまり、鳥に向ける意識が減少する傾向があります。でも、どうぞそういう時期こそ、「愛してる」という気持ちを、言葉と態度で伝えてあげてください。

環境設定にも想像力を働かせて

ケージの構成、部屋の構成

　自分が鳥になって、そのケージで生活する姿を想像してみてください。シンプルすぎて殺風景でしょうか？　ごちゃごちゃしすぎて暮らしにくいでしょうか？　エサ入れの底の方にしか食べ物がなくて食べにくいですか？　少し寒いでしょうか？　すきま風は入ってきませんか？

　Webカメラを使うなどして留守番時の家の様子、特に鳥たちの様子をモニターされている方もいると思います。たとえば、小さなカメラをふだん鳥たちがいるとまり木にセットして、鳥たちの目線に近い状態でケージの様子を見てみたとしたらどうでしょう？

　きっと快適、と感じられたらそれでOK。でも、おもちゃで生活導線が乱されて、ちょっとまずいかも……など感じることがあったら、ぜひ手直しをしてみてください。

　ケージの中を紹介する雑誌記事を見ると、おもちゃ類を入れすぎているように見える例をときおり見ます。特にインコで。

　楽しそうなおもちゃを見つけたから。留守の時間が多いから、おもちゃを少し多めになど、飼育者なりに考えていることはわかります。

　でも、本当にそれが鳥たちが望んでいる状況なのか、ケージの中での生活に支障は出ていないのか、ストレスは感じていないのか、鳥になって考えてみてください。自分の考えや意思を押しつけていな

なにかをしてあげるときは、相手の気持ちも汲んでください。

いかどうかも。

若い頃はおもちゃで遊びたがった鳥でも、一定年齢を過ぎると「もの」への関心の幅は狭まって、遊んで楽しいものだけで遊びたいと思うようになります。もうおもちゃはいらない。シンプルな生活がしたいと思う鳥もいます。そうした年齢による変化も加味して、その鳥の希望する生活を考えてみてください。

加齢、体調の善し悪し、病気、軽い不調。よく観察し、そんなことも加味して生活空間をつくってあげてください。

想像力をもって相手を見る

相手を理解して、よい関係を築くには想像力が不可欠。それは人間どうしでも、鳥と人間のあいだでも変わりません。

病気のときや、老いてきたとき、体に障害を負ってしまったときなど、ケージや家の構成を変更する必要が出てくることもあります。その際に考えるのは、体が動かしにくい鳥に対しては、バリアフリーだったり、「食べたいものにクチバシが届く生活」だったりします。体は不自由になったものの、まだ若くて遊び盛りの鳥に対しては、「遊びたいもので遊べる生活」も大事かもしれません。

つまり、その鳥の立場に立ち、不足するものや、「こうしたほうが生活しやすくなる」ことを想像して、対応をしていく必要があるということです。

暮らしやすさは、生きやすさ。それは健康な鳥に対してもいえることです。暮らしにくい。生活空間にストレス源がある。そうしたことも、実は鳥の寿命を縮める要因になっています。

この点においても、鳥の立場に立って想像し、ときには先回りして暮らしやすさをつくってあげてください。そんなことの積み重ねが、よりよい鳥生につながっていきます。

「食べたい」から気を逸らす

楽しみ探しをする

痩せてほしいのに食べたがる鳥。「もっと食べ物がほしい」と必死に訴えてくることもあります。

食べること以外の楽しみが少ないために食べていることも多いので、そうした鳥に対しては、飼い主がもっと積極的に関わるようにします。

その際は、その鳥の個性や意識の方向性をあらためて確認し、現在、その鳥にとって嬉しいことや楽しいことはなんであるのか知ることから始めるのがいいでしょう。

その鳥が楽しいと感じていることに近い、ほかの楽しみを紹介し、それもまた楽しいものであると実感させることができたなら、さらに別の楽しみを見つける作業を続けます。

こうした「楽しみ探し」は、鳥にとって密度の高い「コミュニケーション」になります。その間は、「食べること」から意識が逸らされている状態であり、また、人間の関心が自分にだけ向いていると実感し、その脳内では多幸感をもたらす物質の分泌が高まります。飼い主が大好きな鳥の場合、幸福感はさらに高まります。

関係改善のきっかけに

飼い主のことが大好きな鳥に食べすぎの傾向がある場合、本人（本鳥）は現状に満足していなくて、暗に関係改善を求めているケースであることもよくあります。

「楽しみ探し」は、鳥と飼い主の両方の意識を少しだけ変え、よい面にも気づいて、自然に関係を改善する方向に向かいます。飼い主は、その鳥の気分や要求にも気づきやすくなり、少しだけ対応が細やかになります。それによって鳥が暗にもっていた不満も減り、食べ続ける欲求は少し薄まります。

少し変化した両者の意識の変化は両者の中で保たれ、将来に亘ってプラスに働くことになります。

体調が悪いときのサインを知る

不機嫌は体調からも

少し体調が悪いとき、人間がそうであるように、鳥も苛立ったような様子を見せることがあります。それが日ごろの姿とはほんのわずかなちがいだった場合、毎日指に乗せて声をかけるなどしていないと気づかない可能性もあります。

体調によって、食事量だけでなく、食べたいものがわずかに変化することもあります。これもよく見ていないとわからない変化です。

複数の鳥が飼育されている家では、ふだんは気にしないほかの鳥の行動に苛立ちを見せたり、ふだんはなんとなくやりすごしている微妙な行動を取る鳥に対して、「そばに寄るな」と明確な怒りのサインを送るようなこともあります。

鳥の行動にはさまざまなサインが含まれています。それに敏感になってください。特に放鳥のとき、ただ出して飛ばせる・遊ばせるのではなく、どんな様子なのか、そのふるまいをしっかり見て把握してください。いつもとのちがいを。

いつもとのちがいを知るためには、いつもがどうなのかを心に刻んでおく必要があります。

いつも活発で元気なのに、ある日、遊んでいる途中で突然ぱたりと眠ってしまった場合には、かなりの確率で病気が隠れています。それを知らないと、「まぁ、かわいい。こんなところで寝ちゃって」と微笑んで終わってしまい、あとで後悔するかもしれません。

飼い主がいつもとどこかちがうと感じたときには、おそらくそれ

にはなんらかの理由があります。

ほんの少しだけど、なんとなくちがう……と感じた自分のカンを信じてください。その違和感を明らかにする努力をすることで、鳥の病気を知ったり、不満や要求を知るきっかけにもなります。

そして、そうした些細なことに気づいてくれる飼い主であることを鳥が理解すると、その人間に対する信頼度と安心感がもう一段高まります。

体調に気づいたことを知る

共通する言葉の存在しない相手どうしだったとしても、鳥は、自分の体調が微妙に悪いことに、好きな相手である人間が気づいたらしいことを察します。人間の態度や行動、声のリズムが変化するからです。鳥は、自身が特別な感情を向けている人間の微細な変化に気づく心と脳をもっています。

「わかりあう」というのは、言葉と言葉で伝えあってのものだけではありません。複合的な情報から状況を察して、それを共有しあう。それもまた、「わかりあう」です。そして、鳥と人のあいだにあるのは後者です。

こうしたかたちの理解は心の支えとなり、免疫力を強める方向に作用し、不調にあっても、その回復を早めます。信頼しあい、わかりあえている鳥と人間の暮らしは、そうでない家庭に比べて短命化のリスクが低くなっていると考えてください。

つまり、ともに暮らす鳥のことをもっと理解したいと常に願い、それを実践し、鳥にとって快適な暮らしを提供し続けることで、鳥との関係はより深まり、その結果、長生きできる条件が整ってくるということです。

鳥をよく見て、細かい不調などに気づいていけるようになることが、関係強化につながり、まわりまわってその鳥の長寿にもつながってきます。

コラム

どちらが幸せか問うのは意味がない

古い問いの答え

籠で暮らしている鳥は、はたして幸せなのか？ 鳥は野にいるべきではないのか？

鳥を飼育する現場で、何百年も前から繰り返されてきた問いです。この問いについて、十数年間、考え続けてきました。

品種改良され、野生には存在しないジュウシマツは、イヌとおなじ立場にいます。イヌとオオカミの幸福度を比較したりしないように、ジュウシマツと原種のコシジロキンパラの幸福度を比較しても無意味です。

かつては確かに、野鳥のヒナを捕まえてきて人間に馴らして飼うということが行われていました。そこでは、親からも野生からも切り離され、人間という異種に飼育されるなんてひどいという声が強くありました。現在は基本的にそうした行為は行われておらず、販売されている鳥は国内・国外でブリーディングされた鳥です。親の代もその前も、野を知らない飼育鳥です。つまり、彼らの立ち位置はジュウシマツに近いものといえます。

「飼育鳥」の幸せを与える

だとしたら、私たちが考えるべきは比較ではなく、「飼育される鳥としての幸せ」なのだと思います。飼い鳥は野生より長生きできる。個性を存分に発揮できる。「わがまま」に生きることが許される。

飼い鳥になるべく生まれた鳥たちに私たちができることは、現在の立場に生まれたメリットを最大限に享受させることではないでしょうか。つまり、死ぬまで愛されたという実感をもたせ、天寿をまっとうするまでその家庭で健康に保つ。人間は、可能なかぎり幸せにする努力を続け、豊かな鳥生を与える。

無駄な問いに悩むより、そうした行動を実行していくことのほうが大事だと思うのです。

chapter

6

心豊かに長生きのできる暮らしへ
〜バードライフ・プランニング

短命にする要因を取り除く→長寿

識ることで護る

鳥が病気になったり、それがもとで若くして亡くなってしまう最大の理由は、なぜ病気になるのか、なにが死を招く要因になるのか、飼育者がよく知らないためです。

加えて、根拠なく、「まだ大丈夫」と思ってしまうなど、飼い主の意識の中にある「甘さ」も問題になります。しかし、「この状態では、もう様子を見ている余裕はない」と知っていたなら、そうした誤った判断にはならなかったはずです。

つまりここでも、「知識」が大事だということです。

自力でケージの扉を開けられるインコをベランダに出して日向ぼっこをさせていたとき、ちょっと目を離した隙に逃げた。ちょっと目を離した隙に、カラスやネコに襲われて重傷を負った。いずれも実際に起きた事故です。そうしたこともあると知って、必要な対策をしておけば防げた事故です。

食べすぎ、肥満から病気になって死んでいく鳥も後を絶ちません。毎年、多数の鳥が亡くなっています。それも、肥満の怖さを知らないからです。

もちろん、どうしても防ぐことのできない病気や事故もあります。しかし、それ以上に、飼い主に知識があって、必要な対応をしておけば防げたことがたくさんあったことも事実です。人間が、鳥の寿命を縮めてしまっている例は、実はとても多いのです。

ただ、そうであるなら、人間に正しい理解が広まっていけば、人間の認識不足で亡くなる鳥、病気になる鳥は大きく減らすことができるはずです。

それを知ってもらうために本書は企画されました。

命を縮めるのも人、守るのも人

鳥が寿命を縮める要因と、飼い主が知っておきたい鳥の心や体のことを本書では綴ってきました。

記したことは、ごくふつうのことで、日ごろから実践されている方には不要の情報かもしれません。

多くの鳥が天寿をまっとうできる時代が来ますように!

しかし、圧倒的多数の方が、ここに記されたことの一部もしくは、かなりの部分を知りません。

本書を手に取ってくださって、知らないことがまだあったことを認識して、ひとつでも、ふたつでも実践される方が増えると、飼育されている鳥たちの平均寿命は、もっともっと延びるはずです。

鳥が幸福感に包まれて暮らすこと

もうひとつ大事なことがあります。それは、人間と暮らす鳥が、毎日が楽しい、幸せだと認識して日々を過ごすこと。そのためには、人間がしっかり愛情を伝え続けることが重要です。

「鳥を長生きさせる」ということは、「鳥が幸福な一生を送る」ことと表裏の関係にあります。飼い主が愛情をもち、注意深くその鳥に目を向けて健康管理ができたなら、鳥の幸福度は上がります。結果的に、平均寿命が延びます。

飼い主は大事な子を失う日を先に延ばせて、鳥は好きな相手、人やほかの鳥と、より長く、楽しく暮らせるようになります。まさにウイン・ウインです。

鳥が長寿になるということは、鳥と人間がいっしょに過ごす時間がこれまで以上に長くなること。鳥がもつ、さまざまな面を知り、鳥のことをさらに深く理解する人が増えていくことにもつながります。

その先に、鳥と人がもっと深くわかりあえる未来があると信じています。

短命にしないための注意点《ヒナ〜若鳥》

とにかく成長させること

のちの生（鳥生）を決める大事な時期です。孵化してから親とおなじサイズにまで成長する最初の数週間は、とにかく食べて寝ることに専念させてください。

この時期の成長に、その鳥の生涯がかかっています。

特に食事中は、それを阻害する行為はいっさい止めてください。カメラを向けることで食べるのを止めてしまうようなら、撮影はしないでください。

寒い時期の育雛は、挿し餌をするあいだもヒナの体が冷えたりしないよう、ヒナの足元も部屋もしっかりあたためてください。

家に小さな子供がいて、この時期の鳥をさわりたがった場合は、十分に注意しながらふれさせてください。手のひらの上に乗せ、鳥のあたたかさややわらかさを幼児、児童が知ることは、人生の経験として、とても大事なことです。

羽毛をなで、鳥がそれを気持ちいいと感じている姿を見せることや、子供が羽毛自体の感触を知ることも大事で、その子の情操を大きく伸ばす効果もあります。

ただし、「ヒナと遊びたい」といってきた場合は、きっぱり「それは、だめ」と伝えてください。「今は食べて寝ることがこの子の仕事」だから、と。

小さな生き物を扱うことに慣れていない幼児がヒナを握りつぶす事故も起きています。そんな事故があっても生き延びる鳥もいますが、その心には深い傷が残ったり、人間を強く恐れるようになったりもします。

鳥の心にも、その子供の心にも傷が残ってしまったとしたら、それをあとから修復することは困難です。不幸な事態を招かないためにも接し方は慎重にしてください。

心の成長も妨げない

生まれてからの数カ月は、暮ら

し方など、さまざまなものを学習する期間でもあります。その家の中の配置や生活リズムをつかむことはもちろん、人間や、家にほかの鳥がいる場合、そうした鳥とのつきあい方――社会性も学んでいきます。

繰り返しになりますが、この時期になにをやっても許してしまうと、わがままな鳥に育ちます。あとからではなかなか修正はきかず、わがままで我慢をすることを学習せずに育った鳥は、そうでない鳥に比べてストレスを溜めやすく、一定年齢後には、体に蓄積したストレス物質が老化を加速させていきます。

育て方をまちがえてわがままになってしまった鳥には、デメリットが増えると知ってください。そのために、ダメなものはダメと最初からしっかり教えるなど、メリハリのある教育をしてください。

食べ物を学ぶ

ヒナ食から大人の食べ物に切り替える際、ペレットを与えると、ペレットを食べる習慣がスムーズに身につきます。

完全ペレット食にしない場合も、ペレットが食べられるようにしておくと、のちのち、特に老鳥になったときに胃に優しい食生活に切り替えることも容易になります。

なお、鳥が人間の食べ物の「美味しさ」を知って食べたがるようになるのは、特に好奇心の強いこの時期であることが多いです。

人間に育てられ、人間が大好きになった鳥が、その食べ物に関心をもつのも自然なこと。それでも、人間の食べ物を継続して食べるようになることは、寿命を大きく縮めることにつながりますから、口にさせないように気をつけてください。

人間の食べ物の味をおぼえてしまうのもこの時期。

短命にしないための注意点《青年期》

危険な目にあわせない

家庭内にはさまざまな危険があります。重金属や毒のある植物などを口にしたり、人間の不注意により大きなケガをしたり。開いていた窓から逃がしてしまったり。

2章で解説した重大な事故の多くは、青年期の鳥に起こります。

少し暮らしに慣れたことで、人間も鳥も油断をすることが増える青年期です。そのため、鳥を出しているときは特に、リラックスはしても油断はしないようにしてください。

とにかく太らせないこと

青年期の鳥の健康管理は、体重測定に始まり、体重測定に終わります。朝もしくは昼と夜、定期的に体重を測定する習慣がついていれば、その鳥の健康は大きく保証されます。食べていないこともわかりますし、太りかけたときに即座に止めることもできるからです。

一般的に鳥の体重は、キッチンスケールで量ります。料理用のものを使い回すこともできますが、0.1グラム単位で測定できる秤を別途買っておいて、鳥専用の体重計にする方が衛生面を含めて推奨されます。

鳥の寿命は長く、小さな鳥でも10~30年生きる可能性があります。複数の鳥に生涯ずっと使ってもらうことを考えれば高い買い物ではないでしょう。

また、鳥たちが日々、遊ぶ場所にキッチンスケールを置き続けることで、そこに乗ることが生活の一部になり、抵抗なく体重測定をすることができるようになります。大人の鳥がそこに乗る様子を見て

体重測定を生活の一部に!

育った若い鳥も、問題なく乗るようになります。

発情の管理

青年期の鳥でより重要で、より対応が難しい問題に「発情」があります。性的に成熟した鳥は発情するようになります。

継続する発情も鳥の寿命を縮めます。

子孫を残すための体内のホルモン変化とそれによる行動は、ある意味、とても自然なもので、本来なら妨げるべきものではありません。しかし、家庭の中では事情が異なります。

オス・メスのつがいの場合、年に一度は繁殖もさせてあげたいところですが、生まれた子がほしいという相手がいないまま無為に増やすと、数年後にはかなりの数になってしまいます。

恋の相手が飼い主など人間である場合、鳥によっては年じゅう発情状態になってしまうこともあります。メスは、文字どおり命を削って卵をつくっているので、卵を産み続けると体内のカルシウムを消耗して、低カルシウム由来の病気になります。卵詰まりや卵管脱も恐ろしい病気で、それがクセになってしまう鳥もいます。

オスも、年じゅう発情状態にあることで精巣がんの確率が上がります。健康に長生きさせたいと考えるなら、無駄に発情させないことも重要になってきます。

かつては、発情を抑えるには起きている時間を短くすることが有効といわれていましたが、メスに対しては、体重を維持できる最低量、適切な量の食事を与えることで、ヒナを養えるほどの余分な食べ物はないと脳に認識させることが有効であることもわかってきました。

また、発情を止める薬もあるので、どうしても止まらないときには鳥を専門とする獣医師に相談してください。

寿命を縮めないための注意点《老鳥期》

寿命を縮めない暮らしを

老鳥の域まで達した鳥に対して、その寿命をさらに大きく延ばす手段はありません。できることは、おだやかで心楽しく過ごさせ、「寿命を縮めるような行為」を飼い主がしないようにする、ということだけです。

長い時間を生きた高齢鳥では、細胞分裂時のエラーが蓄積することで、がんを発症する可能性も出てきます。といっても、若い鳥に比べて極端に発症率が高まるということではなく、長く生きていることでがんを発症する鳥が出てくる（増えてくる）という意味です。

鳥では繁殖期の終わりは明確ではなく、かなり高齢になってからも発情が見られる鳥がいます。そうした鳥では、卵巣や精巣のがんも、青年期に比べて極端に少なくなるわけではないと考えられています。

老鳥期の発情も寿命を縮める方向に作用することが多いため、青年期と同様、なるべく止めるようにしてください。

がんの治療は基本的に若い鳥とおなじですが、高齢で体力が落ちている場合、若い鳥では可能な手術による治療ができず、がんと共存するしかないケースもあります。

特に注意をしたいのが肝臓の疲労です。鳥にとって肝臓は、一生を通してもっとも酷使される臓器です。免疫機能に加えて、毎年の換羽を司っているからです。

どんな鳥も、高齢になると肝臓の機能は落ちてきます。換羽に乱れが出たり、羽毛の色が変化したり、羽毛の質が落ちて羽艶（はづや）が悪くなるなどします。クチバシが伸びてくる鳥もいます。あまり変化が見られない鳥でも、中身は年相応に老化していると考えてください。

高齢になってからウイルス性の病気などに罹患した場合、治療が難しくなるうえ、使われる治療薬によってさらに肝臓が悪化する可能性もあります。いずれにしても寿命を縮めることになるため、しっかりとした健康管理が必要です。

老鳥飼育のポイントは、肝臓に負担がかかるような暮らしをしないことです。ぜったいに病気にさせないという飼い主の強い決意が重要になります。また、必要分だけをしっかり食べさせ、よく眠らせるとともに、正しい温度管理も重要になってきます。

温度管理の失敗

老鳥の体調は一年前とおなじではありません。前年平気だった温度でも、熱中症になったり、体が冷えて極度の不調に陥ることがあります。冬場、老鳥が突然具合を悪くするのは、温度管理の失敗によることも多いのです。

老鳥のケージには必ずヒーターをつけ、気温が下がった日にも寒くないようにしてあげてください。すきま風にも注意が必要です。

気持ちを支えて寿命を延ばす

老化が進んだ鳥では、病鳥がそうであるように人間に対してより多くのスキンシップを求めてくることがあります。心の深いところにある不安がそうさせます。

心穏やかに暮らしてもらうためにも、若い頃とおなじように語りかけ、なでるなどのスキンシップも欠かさずに行ってください。その希望に沿うように、若い頃よりも接触を増やす方が、老鳥は喜びます。

嬉しさや喜びを毎日感じることで免疫力が上がるのも、人間とおなじです。そして、それが少しだけその鳥の寿命を延ばすことにつながっていきます。

大きく寿命は延ばせないとはいえ、嬉しい、楽しい、と日々、感じてもらうことで、半年、もしかしたら1年も本来の寿命よりも長く生きてくれるかもしれません。それが、老鳥の長生きのポイントとなります。

無理のない範囲で飛んだり歩いたりすることが老鳥の健康維持には重要です。

財力も不可欠

財力が命の終わりを決めることも

「お金のない人は生き物を飼ってはいけないんですか？」

動物飼育の現場でときどき聞かれる言葉です。

「小鳥はお金がかからない」は嘘です。確かにイヌやネコに比べると食費にかかる費用は少しだけ低く抑えることもできますが、それでも健康的に長生きさせる食事を考えれば、年間で何万円もかかります。夏場、冬場の不調を防ぐためにエアコン・ヒーターを使うとそれなりに電気代もかかります。

病気になり、もしも手術をしないと助からないという状況になれば、多くの場合、通院、入院、手術費用で10万円をはるかに超える費用がかかります。退院後にさらに薬代がかかるケースも多く、生涯薬を飲ませ続けなくてはならないこともあります。

はっきり言います。最低限の財力がないと鳥の飼育はできません。

病院に連れて行くお金がない。薬代がない。それで死んでいく鳥もいます。給料が入ったら病院に連れて行く。それで手遅れになる鳥もいます。

病気はわかっているが、お金がない。病院代がもったいない。電気代がもったいないからエアコンもヒーターも使わない。こうしたことも、鳥が命を失う大きな理由になっています。

鳥を含めた生き物の飼育は、その命に責任をもつということ。それができないのであれば、どうか飼わないでください。

鳥に健康的な暮らしをさせようとしたら、それなりの費用がかかります。大型の鳥ではさらに出て行く費用は大きくなります。

「寿命」の受け止め方

寿命は本当に決まっている?

あらためて、「寿命」について考えてみます。

寿命とは生命の限界点。もうこれ以上は命を保てない領域をいいます。種としての寿命。親や祖先から受け継いだ遺伝子、体質が定める寿命。生物が生きられる限界とされるのが、こうした寿命です。

実際はこれに、事故による命の短縮、病気による命の短縮、人間の行為・不注意による命の短縮などが重なって、その鳥の寿命になります。それでも多くは、野生の同種の数倍から、ときに十倍を超える時間を生きます。

現在、種としての限界寿命は、状態よく育てられた鳥が生きられた上限などをもとに推察されています。

しかし、その種が生物として生きる限界がどこにあるのか、正確な数値は実際にはわかりません。個体差も大きく、わかっている平均寿命が、その鳥の寿命と一致することはまれだからです。

あなたがともに暮らしている種が、一般に30年の寿命をもつといわれていたとしても、特別に強く、老化の遅い個体で、しかも運にも恵まれたなら、40年以上も生きるかもしれません。鳥も、人間が思う以上に、運に左右されて生きているようです。

定められた寿命を大きく延ばせないのは事実ですが、命を縮めない努力をして、さらに心に寄り添うことなどで、少しだけ伸ばすことは可能です。「定められた」といっても、変えようのないもの、確定ではないと考えてください。

何歳までは生きてほしいと目標を立てることは大事なことです。ですが、そこは到達点ではなく、寿命といわれる数値も「仮」のもの——目安にすぎないと思って暮らしてください。

その鳥の「将来イメージ」をもつ

将来設計をしてください

人間は、大人になったらこんな仕事に就いてとか、こんな人と結婚をしてとか、還暦をすぎたら少しのんびりしたいとか、未来のことをいろいろ考え、希望も含めて「人生設計」をします。

しかし鳥は、未来のことを考えたりしません。その日をしっかり生きることだけを考えます。

今日も食べて、遊んで、寝る。

飼育されている鳥の心にあるのはそんなことでしょう。

自分の子孫を残したいという遺伝子からの指示が脳の片隅にはありますが、家庭で暮らす、人間が大好きな鳥の場合、本能的な命令の作用が弱く、楽しく過ごす日々の中で埋もれていきます。

ヒナから育てられた鳥の中には、子孫を残すという感覚が明らかに薄いものもいます。でも、それはある意味、しかたのないことだと思います。

鳥たちはそんな意識で暮らしているので、飼育者であるあなたが、鳥たちの代わりに「将来計画」を立ててください。何歳まで生き、どんな暮らしをして、巣引きをさせるかどうかなどを。

バードライフ・プランニング

それは、一言でいうなら「バードライフ・プランニング」です。

もちろん未来は未定で、事故や病気もあるかもしれません。そのときにならないとわからないことも多いため、プランニングなんて無理と思うかもしれません。

でも人間も、病気をすることもなく、ごくふつうに生きていったと仮定して、将来設計をしますよね。それとおなじでいいんです。

最近、この種は25歳以上生きる鳥も多くて、30歳以上生きるものも増えているから、ひとまずうちの子は28歳を目標にしよう。それまでは健康でいさせよう――。

飼い主にそういう気持ちがあるかないかで、その鳥の暮らしのさせ方がおそらく変わってきます。

筆者の家では、最初に暮らしたオカメが闘病の末、11歳と1カ月で亡くなりました。その鳥が亡くなったとき、いっしょに育った7カ月ちがいの子に対して、亡くなった子の2倍の時間を生きてほしいと願いました。

20世紀末は、オカメインコはがんばれば20歳までは生きられるといわれ、それが目標でした。しかし、願いはかなわず、目標の半ばで亡くなってしまったこともあり、もう一羽には、亡くなった子が生きられなかった時間の分も長生きしてほしいと願いました。

直接、その鳥に伝えたわけではありません。もちろん、日本語で語りかけても言葉がわかるわけではありません。でも、今、22歳と10カ月。「あなたはもっと長く生きてほしい」という気持ちは、それからの接し方などと合わせて、本鳥には伝わっていたと思います。

計画を立てる意味

未来は常に不確定で、先になにがあるかはわかりません。予想で

きることもある一方、突発の事態は常にありえます。

それでも、この子は何歳まで生きてほしいと、自分の中で定めてみてください。もちろんそれは目標ではありますがゴールではありません。そこを過ぎて、もっと先まで生きてもらうことを考えます。

大事なことは、目標年齢まで生きてもらうために、「あなたがなにをするか考え、どのようにそれを実践するか」です。

なにもせず、ただ毎日遊んでいただけでは、目標に近づくことは難しいように思います。この子の命を縮めず、目標年齢までしっかり生きてもらうためには、自分はなにをしなくてはならないのか考えてください。

多数の鳥と人が集まるパーティにその鳥を連れて出て、万一、ウイルスなどに感染させてしまったら……など、正と負の可能性を常に考えて行動してください。楽しいことでも、リスクがあることも世の中にはあります。

家に遊びに来る大人や子供が手を洗わずに鳥やケージに触れようとすることにどんな危険があるのかなど、しっかり察して、まわりに対しても必要な注意の言葉をかけてください。たとえば、子供たちが家を訪れる直前に、公園でハトと遊んでいたとしたら？

放鳥時の家族の不注意がその鳥の未来を奪う可能性があることなどを時間をかけて伝え、伝わらないときは家族といえども厳しい対応をするように心に決めるなどしてください。家族が鳥を逃がす事故も、とても多いので。

未来の計画を立てるということは、未来につながる今も大事にするということ。些細なことで、未来は簡単に変わってしまうものなので。

大事なのは、事前に一度は考えておくこと

人間も鳥も、取り巻く状況は少しずつ、あるいはときにダイナミックに変化します。そのとき、どんなに深く、細かく考えたとしても完璧な計画など存在しません。

それでも、状況に合わせて、ときどき計画を修正しながら、可能な範囲で目標に向かう道と、ふだんの暮らしを策定してみてください。

また、その際は、自分のこの先の20年、30年、50年の未来予想と重ねるようにスケジュールを並べてみることが重要です。

進学、転勤、結婚、購入した新居への引っ越しなど、ともに暮らす人間にも将来計画があるはずです。自分自身だけでなく、自分や配偶者の親の老後の対応などについてもイメージしておく必要があります。人と暮らす鳥は、人間の生活に大きく左右されるからです。

鳥が高齢になったとき、自分も高齢者になっている。その場合に、自分の暮らしと鳥の暮らしがどうなっているかなども考え、飼育の補助や、だれかに代わってもらうなどの検討も、ざっくりでかまわないので早い時期から頭のどこかにおいていてください。

その前段階で、老いた愛鳥にどういったケアが必要になり、自分にその対応が可能かどうかなども、若いうちに考えておいてほしいと思います。この点については、『うちの鳥の老いじたく』と『老鳥との暮らしかた』がきっと役に立つはずです。

イメージした未来像から、その未来を実現させる暮らしを考える。豊かな生、早死にさせない暮らしは、そうしたプランニングの先にあると考えてください。

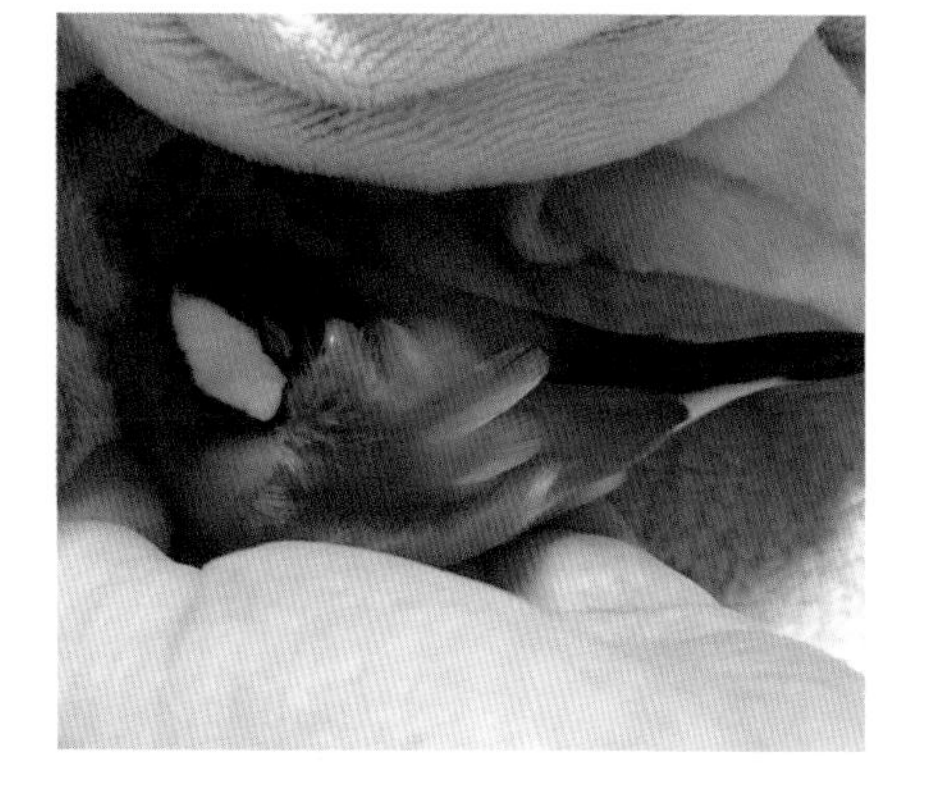

病気とともに生きる、という選択も視野に

高齢鳥が増える未来

高齢化社会を生きる日本人が証明しているように、高齢鳥が増えてくると、なんらかの病気を発症する鳥も増えてきます。生物として、それは予想できる、ごくふつうの事態です。

鳥の状態をよく観察し、生活スタイルにも気を遣う人が飼育する鳥が大きく寿命を延ばしているのに対し、いまだ昔ながらの意識で、昔ながらの飼い方をしている人も多く、そうした家庭では依然、鳥の寿命は短いままです。今はまだ、そうした二極化が続いています。

それでも、本書や本書に近い思想の本を読み、老鳥との暮らしに特化した本にも目を通す方が増えてくると、少しずつ長生きできる鳥も増えてくると予想されます。

長生きの鳥が増えたとき

高齢になると、さまざまな体の不具合が出てきます。鳥もそうです。未来においても、治療の手段がない病気が消えることはないでしょう。体がもとに戻る可能性がない、ということも出てきます。

ごくふつうの老化の延長として、歩けなくなる鳥、飛べなくなる鳥も増えてきます。結果として、そうした鳥と暮らす飼い主も増えるということです。

治らない病気の鳥と生きる覚悟

たとえば、足や翼など四肢にできる骨肉腫的ながんで、転移の可能性もある場合、その鳥に手術に耐える体力がまだあると判断した獣医師は、断翼などの手術を勧めます。

その際は、そのまま放置して暮らした場合と、切断した場合でどちらが長く生きられるのか、比較の末の判断となります。いずれにしても、なにごともなく健康に生きていた場合に比べて寿命は縮みますが、やむを得ないと受け止め

ることになると思います。

そうしたケースでは、生きている期間じゅう人間が生活の補助をする必要も出てきます。QOLをできるだけ落とさないようにしようとすると、それなりの準備や手間、ケージ変更などに費用もかかります。

呼吸器に障害が残った鳥については、レンタルの酸素室を自宅に置いて、そこで生活してもらう必要が出ることもあります。

比較的ゆっくり進行する皮膚がんなどでは、手術で大きく取り去っても再発の可能性は高く、最終的に手術をしたほうが寿命が短くなる恐れがあるなどの理由で、そのままの飼育が推奨されることが多くなります。その場合、1〜3年など、比較的長い時間をかけて少しずつ弱っていく鳥に寄り添い続けることになります。

長く愛してきた鳥に対しては、もっと長生きをしてほしいと願う一方で、飲ませる薬代、定期的な通院によって発生する交通費などを含めて、1年間に数万円〜十万円を超える病院代がかかるなど、かなりの費用が発生することもあり、飼育者の生活と経済を圧迫します。

それ以上に辛いのが、ゆっくり弱っていく子と日々、向き合い続けることでしょう。精神的にすり減り、消耗していきます。

そういう覚悟も必要であると理解してください。

鳥の介護と飼い主の心の疲れ

命の選択の先に

たとえば、病気やケガで翼や足を切断しなくてはならなくなったとき。それをすればおそらく、という場合。ひとまず命は助かる、多くの飼育者は、命を選ぶと思います。

ただ、その場合、のちのち、飛べない、自力で歩けないなど、障害が残った鳥を人間が介助する必要も出てきます。

鳥の状態によっては、毎日の食事の手助けもすることになるかもしれません。

自分自身のケアも不可欠

こうしたケースでは、多くの飼い主がどうやってQOLを維持するかを必死で考え、鳥にとってよい方法を模索すると思います。

実は、こうした状況において、ほかにもっと大きな問題が出てくることがあります。それは、飼い主の「介護疲れ」です。

多かれ少なかれ飼い主は、鳥が不自由な体になってしまったことを悔いて、「この子のために自分にできることをとにかくやる」と心に誓います。

実際、とてもがんばってしまう方が多いのですが、時間の経過とともに見えない疲れがどんどん心に溜まっていき、ある日、突然、それを自覚するようになります。

自覚した瞬間、体が重くなり、動かなくなってしまう人もいます。

そうならないように、その鳥と遊ぶことで得られる楽しみに加えて、ほかの楽しみや気分転換できるものを見つける・つくるなどして、自身の心のケアもしてください。介護が長くなるとき、それがとても必要になります。

おなじ生き物として、相手を尊重する

偏見が敵

鳥に対する偏見も、鳥の長寿命化を妨げています。

鳥はバカ。鳥には感情なんてない。鳥のさえずりはただの環境音。

鳥なんてどんな扱いをしてもいい、病気になったら放置して、亡くなったら新しい鳥を買えばいい。

こうした誤った理解が、鳥の本当の姿を見えなくしています。

人間に匹敵する豊かな心をもち、見方によっては平均的な哺乳類を超える頭脳をもつ鳥。好き、嫌い。嬉しい、楽しい、悔しい、腹が立つ。飼育される鳥は、そんな感情を周囲にふりまきます。

野生の鳥には感情も知能もないのかといえば、そんなことはなく。生き延びることが最優先である彼らは、感情を表に出す余裕がないだけで、不自由のない暮らしに入ると、たちまち豊かな感情と好奇心を見せてくれます。

鳥と暮らしている人たちの中でさえ、鳥と人間はおなじ生き物として、ある意味、対等な立場にあると考えていない方がかなりいます。それを変えていかなくてはなりません。

人間に類似した豊かな心をもっていること、そしてその脳が秘めた鳥の本当の力が世間に浸透することで、人間の鳥に対するぞんざいな扱いは変化していくと考えます。さらにそこにアニマルウェルネスの考えが浸透したなら、不幸な死を迎える鳥は減るはずです。

鳥たちが安心して暮らすためにも、長生きするためにも、人間の意識を変えていく必要があります。

あとがきにかえて

「幸福に生きること」と「長生き」は、見えない糸でつながっています。満ち足りた「生」は、その鳥の寿命を種としての限界に近づける大きな手助けとなっています。とはいえ、若い頃の暮らし、ふだんの生活と食べ物がとても大事であることもまた事実ですが。

私たちにできることは、鳥の心と体のことをもっと深く識って、適切な生活サイクルを保つこと。心の栄養となるコミュニケーション・愛情交換のこともしっかり理解しておくこと。それが、長く続く鳥たちとの暮らしをつくります。

最初にこの本を書こうと思ったのは、10年ほど前のことでした。21世紀になっても鳥の寿命は昔とあまり変わっていないという話をさまざまな場所で聞いていて、ならば、「早死にする要因を片っ端からつぶしていけば、多くの鳥が長寿になるのでは?」という考えが天啓のように空から降ってきました。ただ、どんな本を書けばいいのか、そのときはまったくイメージが見えていませんでした。

本の構成が固まってきたのは、『うちの鳥の老いじたく』の続編の依頼があった頃です。当時は、多くの飼育者がもっている、「うちの子をできるだけ長生きさせたい！」という願いに触れる機会がたくさんありました。

でも、老鳥になってからでは、そこから長期の延命は不可能で……。尋ねてくださった方に、「ヒナ～青年期の生活がとても大事なんです」と苦渋しつつ答えることが続いていました。

そうした経過を経て、できあがったのが本書です。

飼い主の知識に不足があったり、もっている情報が古いことで亡くなる鳥を、とにかく減らしたい。「ここに気をつけて！」と伝えることで、1年でも2年でも寿命が延びる鳥が一羽でも二羽でも増えてくれたらいい。そんな思いをまとめたのが本書です。この本を読んでくださった方が、なんらかのヒントを見つけ、天寿をまっとうできる鳥が増えてくれたらいいと、心から願っています。

最後に、取材や鳥の診察を通して多くのことを教えてくださった横浜小鳥の病院院長の海老沢和荘先生に感謝をお伝えしたいと思います。主治医としてうちの鳥を診てくださって今年で22年。本当に、いつもありがとうございます。

細川博昭

索引 あいうえお順

著者

細川博昭（ほそかわひろあき）

作家、サイエンスライター。鳥を中心に、歴史と科学の両面から人間と動物の関係をルポルタージュするほか、先端の科学・技術を紹介する記事も執筆。おもな著作に、『インコの謎』『インコの心理がわかる本』『うちの鳥の老いじたく』『鳥が好きすぎて、すみません』『老鳥との暮らしかた』（誠文堂新光社）、『知っているようで知らない鳥の話』『鳥の脳力を探る』『身近な鳥のふしぎ』（SBクリエイティブ）、『鳥を識る』『鳥と人、交わりの文化誌』（春秋社）、『身近な鳥のすごい事典』『インコのひみつ』（イースト・プレス）、『江戸の鳥類図譜』『江戸の植物図譜』(秀和システム)、『大江戸飼い鳥草紙』(吉川弘文館)などがある。日本鳥学会、ヒトと動物の関係学会、生き物文化誌学会ほか所属。

Twitter：@aru1997maki

イラスト

ものゆう

鳥好きイラストレーター、漫画家。主な著者は『ほぼとり。』(宝島社)『ひよこの食堂』（ふゅーじょんぷろだくと）『ことりサラリーマン鳥川さん』（イースト・プレス）など。

ものゆう公式Twitter：@monoy

写　　真　蜂巣文香（p.2～3）

デザイン　橘川幹子

編集協力　中村夏子（and bocca）

写真協力

神吉晃子、杉本佳子、オカメインコ仮面、さくらたんぽぽ、手嶌楓、ぽんず、阿部由美香、永冨真澄、森田奈緒美、安齋朋恵、堀之内芳江、宇野美咲、平林久美、田中未樹菜、濱田真実、はな、田村麗、三澤由紀子、高見沢智恵、吉見祥子、牧ゆきの、角 茜、若井美智子、仁川香歩、井ノ口徳子、山下美桜、藤井ひかる、手塚素子、草野順子、ピッコリアニマーリ、藤生希歩

愛鳥と末永く幸せに暮らす方法、教えます

長生きする鳥の育てかた

2021年3月25日　発　行　NDC488

2021年7月1日　第3刷

著　者　細川博昭

発行者　小川雄一

発行所　株式会社 誠文堂新光社

〒113-0033 東京都文京区本郷 3-3-11

［編集］電話 03-5800-3621

［販売］電話 03-5800-5780

https://www.seibundo-shinkosha.net/

印刷所　株式会社 大熊整美堂

製本所　和光堂 株式会社

©2021,Hiroaki Hosokawa　Printed in Japan

検印省略

本書記載の記事の無断転用を禁じます。

万一落丁・乱丁本の場合はお取り替えいたします。

本書のコピー、スキャン、デジタル化等の無断複製は、著作権法上での例外を除き、禁じられています。本書を代行業者等の第三者に依頼してスキャンやデジタル化することは、たとえ個人や家庭内での利用であっても著作権法上認められません。

JCOPY <(一社) 出版者著作権管理機構　委託出版物>

本書を無断で複製複写（コピー）することは、著作権法上での例外を除き、禁じられています。本書をコピーされる場合は、そのつど事前に、(一社) 出版者著作権管理機構（電話 03-5244-5088 ／ FAX 03-5244-5089 ／e-mail：info@jcopy.or.jp）の許諾を得てください。

ISBN978-4-416-52177-9